JN129909

元F-15パイロットが教える

戦闘機「超」集中講義

船場 太

はじめに

私は、１９８８年に航空学生として航空自衛隊へ入隊し、当時の最新鋭と言われたF-15Jパイロット（通称：イーグル・ドライバー）の一員に幸運にもなることができました。

戦闘機乗りとして第一線で勤務した期間こそ約5年と長くはありませんでしたが、それ以降は教育部隊で後輩パイロットの先生をしたり、岐阜にある飛行開発実験団でT-X（のちのT-7）の開発に携わり、実用試験を担当するテストパイロットを務めさせていただきました。

戦闘部隊での経験ももちろん貴重で思い出深いのですが、私の場合は教育部隊でパイロット教育という仕事にとても面白さ（と難しさ）を強く感じました。そこで航空自衛隊を退職することにし、航空機使用事業会社勤務を経て、パイロットを育てるための事業を開業して、現在に至ります。

自衛隊という枠から出て、初めて民間の空に触れたとき、空や飛行機はこんなに広くて楽しいモノなのに、日本では極めて限られた人にしか開放されておらず、窮屈で、普通の人には非常に縁遠い存在であることを痛感しました。

せっかく開業したのだから、「日本の空をもっと広く伝えたい！　もっと近くに感じてもらいたい！」という漠然とした想いを持つようになり、そこで「空飛ぶたぬき」というハンドルネームで、Twitterによる情報発信（というより雑談でしたが）を始めました。

すると意外にも、空や飛行機に関心のある人が本当は多いためか、やがてフォロワーさんの数も増えていき、それに伴って数多くの質問が寄せられるようになりました。

質問の内容は実にさまざまでしたが、何より年齢や性別、住んでいる場所も異なる人たちが、「空」に関していろいろな疑問・関心を持っていることに驚きました。

しかしTwitterでは１４０字という文字数制限もあって十分な回答もできず、もどかしいため、ウェブサイトを開設することにしました。そしてさらに「空飛ぶたぬきの航空よもやま話」というYouTubeチャンネルを開設して、ライブ放送を行なうようになりました。

パイロットは「Aという現象が起こったとき、Bという対処を採る」というトラブル対処法だけでなく、なぜAという現象が起きたか、なぜBという対処法を採るべきかといったメカニック・科学的な部分も理解しておく必要があります。なぜなら、その知識がなければ、本質を理解できていなければ、状況が変わったときに応用が利かなくなってしまうからです。

動画はあくまで一般向けなので、数式や物理の知識はほぼ使っていませんが、「なぜ、そのような現象が起きるのか」といった本質の部分を解説しようと努めました。

本書は、YouTubeによる放送内容の一部、面白い部分や反響のあった部分を書き起こして、なるべく読みやすいようにまとめた内容になります。そのため、ときどき話があらぬ方向に飛んだり、体系だった構成になっていないと感じられるところもあるかもしれません。

また、多くの人に読んでもらうために分かりやすさを優先したので、細かな部分を端折りすぎている部分もあるかもしれません。もしそういった部分が気になったらごめんなさい。

でも、そのぶん空や航空機、自衛隊や戦闘機に興味のある方には「楽しんで読める内容」になっているのではないかと思います。

ぜひみなさんには、肩の力を抜いて読んでいただければ嬉しく思います。

船場太

目次

第1話　パイロットは何を身に付けているか——航空自衛隊の装備品

◆Gスーツ→フライトスーツ→ジャケット→ハーネスを着用

今回のテーマは、パイロットの装備品です。装備品って何ぞやって思われるかもしれませんが、要はパイロットが飛行する際に身に付けているものです。

エアライン（民間の航空会社）のパイロットさんですと、黒い大きい鞄に一通り入れて持ち歩いています。あの中には何が入っているかというと、まず自分のパイロット免許であるライセンス、正式には技能証明ですね。それから、自分が乗り込む航空機のマニュアルやチャート（航空図）ですね。このチャートとは各空港の出発と到着のルートが示してある、A4用紙くらいの書類です。

あとは場合によっては、泊まりだったら着替えのパンツと靴下が入っていたりもします。

一方、航空自衛隊の戦闘機パイロットの装備品となると、だいぶ変わってきます［図1-1］。上からいくと、まずヘルメットですよね。それからハーネスと呼ばれるシートベルトみたいなもの、要は体を座席に縛り付けるものですね。あとはその下にGスーツ（耐Gスーツ）を着ます。お寿司の海苔のように、自分の太ももとお腹をぐるっと巻いて着用します。

あとは足にブーツを履いて、服はGスーツの上にフライトスーツ（飛行服）を着ます。〝つなぎ〟形状になっていて、上着部分とズボンが繋がったものです。さらにそのフライトスーツの上に、ジャケットと呼ばれる、ポケットが胸のところに2個、お腹のとこに2個、合計4個付いている上着を着ます。ですから、一番下にGスーツを巻いて、フライトスーツを着て、その上にジャケットを着て、さらにその上にハーネスを付けるという感じですね。

［図1-1］F-15パイロット飛行服の各部位。①ＦＧＨ-２改ヘルメット／②バイザー（スモークタイプ）／③バイザー・クリップ（ここでバイザーを上下させる）／④酸素マスク・レシーバー（酸素マスクのヘルメット側装着金具）／⑤酸素マスクおよびマイク／⑥救命胴衣の首部気嚢／⑦キャノピー・リリース（射出座席のパラシュート・ハーネスと接続する金具）／⑧パッチ⑨フライトスーツ／⑩救命胴衣の胴体部気嚢／⑪エジェクター・スナップとＶリング（チェスト・ハーネスを固定する）／⑫保命ジャケットのポケット（サバイバルジャケットで、内部に救難・救命装備品が入っている）／⑬チャック（下部）／⑭Ｇスーツ・ホース（ここから高圧空気を注入し、下半身とお腹を圧迫して血液が下に溜まらないようにする）／⑮ニー・クリップ（ミッションカードなどのシートを挟むクリップ）／⑯Ｇスーツ／⑰レッグ・ハーネス／⑱エジェクター・スナップとＶリング（ハーネスのレッグ・ハーネスを固定する）（写真：「幻影現実 私的工廠ブログ」飛鳥）

◆T-7練習機にはパラシュートを背負って搭乗

でも航空自衛隊の場合、身に付ける装備品は搭乗する飛行機によってちょっと変わってきます。

例えば戦闘機の乗るパイロットであれば、Gスーツを付けて、フライトスーツの上にジャケットを着て、ハーネスを着てという話になるんですけど、これが最初の練習機であるT-7に乗る場合だと、フライトスーツの上にジャケットを着た後、さらにパラシュートを背負います。要は、背中にパラシュートを引っ付けることになります。当然、結構重たいんですけど、パラシュートと自分をハーネスでグッと固定して、パラシュートを背負った状態で飛行機にヨッコラショと乗り込むことになります。

これが戦闘機だと、自分が座る座席にパラシュートがもう組み込んであります。なので実際乗る人は、座席と自分を括り付ける感じになります。この場合、パイロットが付けているのはハーネスだけで、ハーネスのベルトの先には何も付いていません。着用しているハーネスの肩と腰の部分から出ているベルトと、座席自体に付いているベルト連結部をガチャっと留めればいいだけです。この辺がちょっと練習機とは違います。

実際ベイルアウト（緊急脱出）する際には、椅子と人が一緒にドーンと上に射出されて、上空で椅子と人の体が分離することになります。分離するときには、座席に装備されていたパラシュートがハーネス側に繋がっていますので、そのパラシュートが開いて降りてくることができる仕組みになっています。

◆F-15はコックピット内もアメリカ人サイズ!?

ちなみに私は身長が低いです。162センチしかありません。F-15という戦闘機はアメリカ製です。基本、アメリカ人の体型に合わせて設計されているので、コックピットの中のありとあらゆるものがアメリカ人サイズなんです。つまり、とてもデッカイ。

例えばスロットルだと、左手で左右2つあるスロットルを同時にグッと握ろうとしても、私は手が小さいので片方しか持てなかったりしました。小指1本分ぐらいなら左側のスロットルにも届くんですけどね。なので、2つ同時に操作する際は、大体2つの真ん中あたりを持って、指を広げて2つを操作していました。そのぐらい私の体格とF-15が想定している体格に差があるんです。

その他にも、装備品の使う上で、ちょっとした問題がありました。膝の裏が椅子の前の部分に引っ付くように座ると、背もたれと自分の背中側に空間ができてしまいます。背中といいますか、腰が浮いちゃうんです。つまり、常にずっと浮いた状態になります。

普通に飛ぶ分には別に構わないのですけど、やはり戦闘機なので激しい機動をすると大きいＧ（重力加速度）がかかります。４Ｇとか５Ｇとか、それこそ7Ｇ、８Ｇ、９Ｇがかかります。そのときに腰と座席が空いていると、腰が曲がって非常にキツイんです。グウーと凄い負荷がかかってしまうのです。

なので、なんとかこのスペースを埋めなきゃいけないということで、私はこの部分に座布団を入れていました［図1-2］。モフモフとした固いウレタンの入ったクッション（座布団）みたいなものです。

ただ、常時ないと困るので、身に付ける必要があります。そこで、ハーネスは肩から股へと通っているので、そこにクッションを挟んでぶら下げていました。お尻のちょっと上にぶら下げて歩くと、クッションがパタンパタンと、要するに尻尾をペコンペコンと振るみたいな感じになります。当時はこんなものを付けているのは私だけでしたから、私が歩いていると遠くから後ろ姿でも分かるみたいでした。

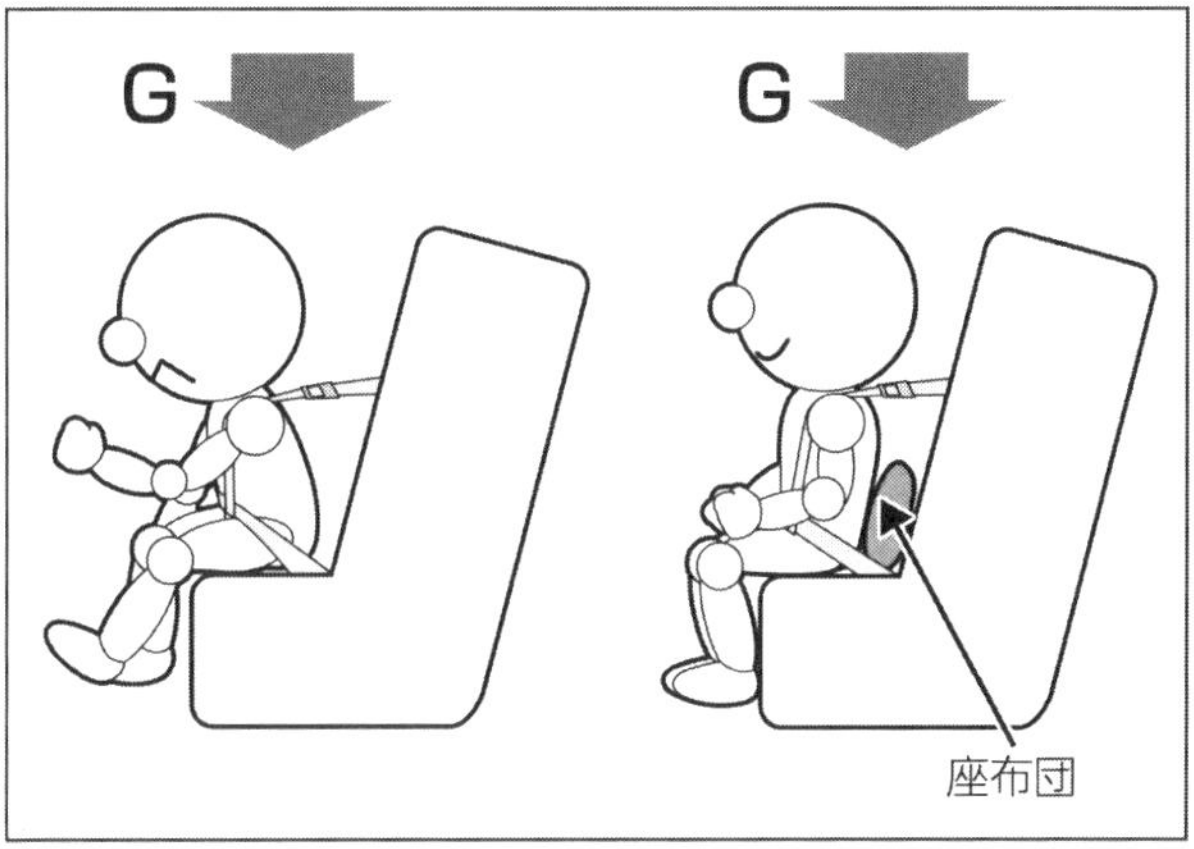

［図1-2］筆者がＦ-15の座席に座ったときのイメージ図。アメリカ人に合わせて設計されているため、右のように背もたれとの間に座布団を入れないと、安定しなかった。さらにブレーキを踏むために足を伸ばすときは、腰を浮かして体を反らせる必要があった（汗）。

◆意外とデザイン自由な（!?）ヘルメット

あとはヘルメットですね。戦闘機とか高等練習機だと酸素のマスクを付けるようになりますけど、最初の初等練習機の場合は、アナウンス実況をする人が付けるようなヘッドセットのマイクをヘルメットに付けます。

ハリウッド映画なんかで、すごく派手派手な黄色の雷などをデザインしているヘルメットを戦闘機パイロットが被っているシーンがありますよね。一応、自衛隊も、ヘルメットに絵や文字を描いていました。

私の場合は、一つはTAC（タック）ネームと呼ばれる、自分を識別するための一種のコールサインを描いていました。場所はヘルメットの額のちょっと上斜めあたりでしょうか。

TACネームとは、つまり〝あだ名〟です。随分昔にアメリカ海軍の訓練学校〝トップガン〟などをテーマにした「トップガン」という映画がありましたけど、そのなかでパイロットたちにマーベリックとかグースとか付けられていたのがそれです。あれは彼らの映画の中の本名ではなく、飛行機に乗るときだけ呼び合う〝あだ名〟です。

あとは、可愛い女の子の絵とかを側頭部あたりに描いたりしていました。そういったイラストは、今はどうか分かりませんけど、当時はあんまりギャーギャー言われませんでしたね。さすがに裸の女性の絵を描く人はいませんでしたけど、それを描いたらさすがに何か言われただろうなとは思います。

人によっては強者がいて、本来グレイのヘルメットなのですけど、それを真っ青にとか部分的に真っ赤に染めちゃうような人もいましたけど、特に何も言われていませんでしたね。ある意味、当時はフリーダムな環境でした。ただ今は自衛隊機にマーキングした塗装機もあるぐらいですから、意外にそういったデザイン的な部分はもっとフリーダムなのかもしれませんね。

みなさんも航空祭などでパイロットの姿を見る機会がもしあったら、ハーネスやジャケット、Gスーツがそれぞれどんなものなのか、ちょっと注意して見てみてはいかがでしょうか。最近はネット上に写真や動画も上がっていますので、それをご覧になってもいいと思います。

第2話　レーダーで何が分かるのか――レーダーの原理

◆レーダーには「動くタイプ」と「動かないタイプ」がある

今回は、レーダーについてお話をします。レーダーと一言で言ってもすごく種類がありますが、ここでは主に一般的な捜索レーダー、相手を探すためのレーダーの簡単な原理をちょこっとお話ししたいと思います。

さて、みなさんはレーダーというと何を思い浮かべますでしょうか？　なんかパラボラアンテナみたいな丸い半円球のものでしょうか。昔のウルトラマンなどの怪獣映画だと、よくそんなレーダーが出てきますけど、最近のレーダーの主流は大きく分けて2つです。

一つは網状のものがグルングルン回りながら電波を出すタイプです。空港なんかには、こういった形状のレーダーがよく置いてありますよね［図2-1］。

［図2-1］フランクフルト空港のレーダー塔（写真：Norbert Nagel）。

あともう一つは、海上自衛隊のイージス艦で一躍有名にはなりましたが、フェイズドアレイ・レーダー（Phased Array Radar：位相配列レーダー）ですね。大体、六角形です。小さな六角形の素子がいっぱい付いています［図2-2］。こちらのタイプは動かずジーッとしていますけど、動いているレーダーと同じような捜索ができまして、最近の主流となっています。

実際みなさんがレーダーを目にすることは、空港や自衛隊もしくは米軍の基地に行かない限りはあんまりないように思います。東京タワーとかスカイツリーに立っているアンテナは、通常の電波を送ったり受け取ったりしているだけなので動いていません。固定されています。

［図2-2］六角形ではないが、護衛艦ふゆづきに装備されている４つのフェイズドアレイ・レーダー（ＦＣＳ-３Ａ多機能レーダー）（写真：Hunini）。

◆電波を投げて、跳ね返ってきた電波を受信する

さて、動作原理というか、レーダーってどうやって、何をしているんですか？　みたいな話ですけど、簡単に言うと〝総当たり戦〟です。野球とかサッカーとか何でもいいんですけど、総当たり戦ってありますよね。自分と自分以外のチームと全部試合するみたいな、あれとまったく同じと考えてください。

例えばこんな感じです。みなさんが、ボールを投げます。ボールを投げたら、普通返ってこないですよね。そのままそれっきりになります。

でも、もし投げた先に壁があったら、ボールは返ってくるわけです。もちろんボールの勢いが足りなかったら途中で止まっちゃうかもしれませんけど、一応、勢いのあるボールを投げられたとしましょう。そこに壁があれば返ってくるんです。逆に投げた先に壁がなければ、そのままどっかに行っちゃうんです。これがレーダーの簡単な原理です［図2-3］。

は？　っと思われるかもしれませんけど、要はこの投げる

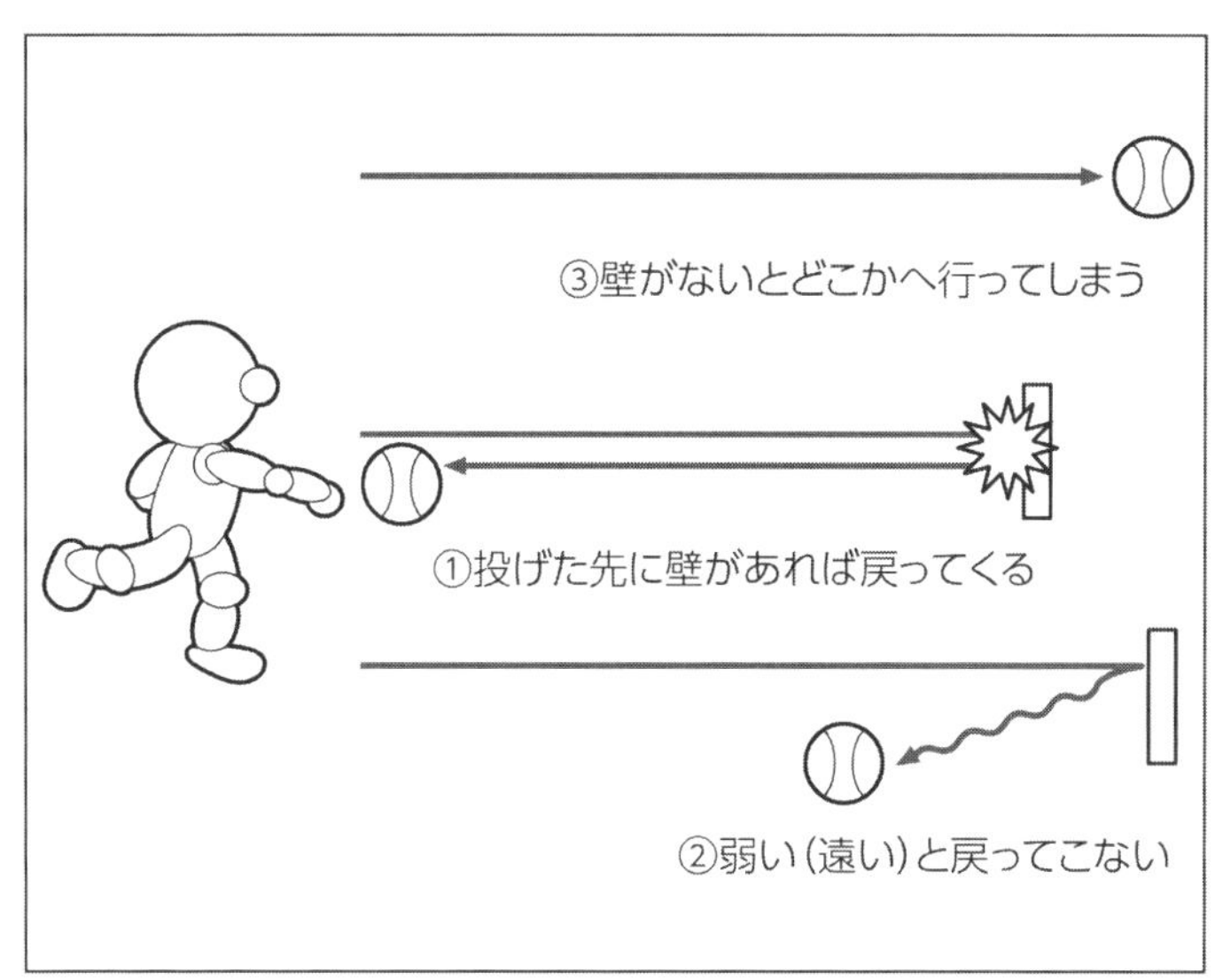

［図2-3］レーダーの原理を示した図。電波が反射して戻ってくることで、その先に対象物があることが分かる。

ボールが電波だと思ってもらえれば結構です。電波を出した先に何かがいれば、跳ね返ってきます。行って返ってきます。この電波を出す側（送信機）と跳ね返った電波を受け取る側（受信機）としての役割が一つにまとまっているものが、レーダーです。

実際に電波を出すのは上とか下にチマッとある小さい部位なので、大きいのは受け取る部分なのですが、原理は大体こんなものです。

◆相手の位置の計算方法

次は、その電波のやりとりで何が分かるのかというと、まず相手との「角度」が分かります。（地面を基準に）自分より何度ぐらい上なのかな？　という数値です。この角度と相手までの「距離」が分かれば、三角関数で相手の「高さ」が求まります［図2-4］。意外に数学的な使い方をしています。

では先ほど言った相手までの「距離」はどうやって見るのでしょうか。アンテナから電波を出しました。ある飛行機に当たって跳ね返ってきました。その電波を出してから返ってくるまでに、例えば4秒かかったとしましょう。ということは、行って返ってくるのに4秒かかっているわけですから、片道2秒かかっていることになります。あとはこの電波の速度が出せれば、（電波の速度で）2秒かかる距離に相手がいるということが分かります。非常に単純な考え方です。

ただ、相手は1機ではなく、いろんなところに複数の相手がいるかもしれません。この場合、レーダーの分解能によっては分解できない（2機を探知できない）ケースもあります。例えば［図2-5］のように敵機が2機いる場合、レーダーの幅が広いと、レーダーには1機にしか映りません。レーダーの幅がもう少し狭いか、もしくはレーダーの角度がズレると2機いることが分かります。

そのため角度ごとにたくさんのレーダー電波を送って、反射して返ってくるときのタイミングとアンテナの角度を覚

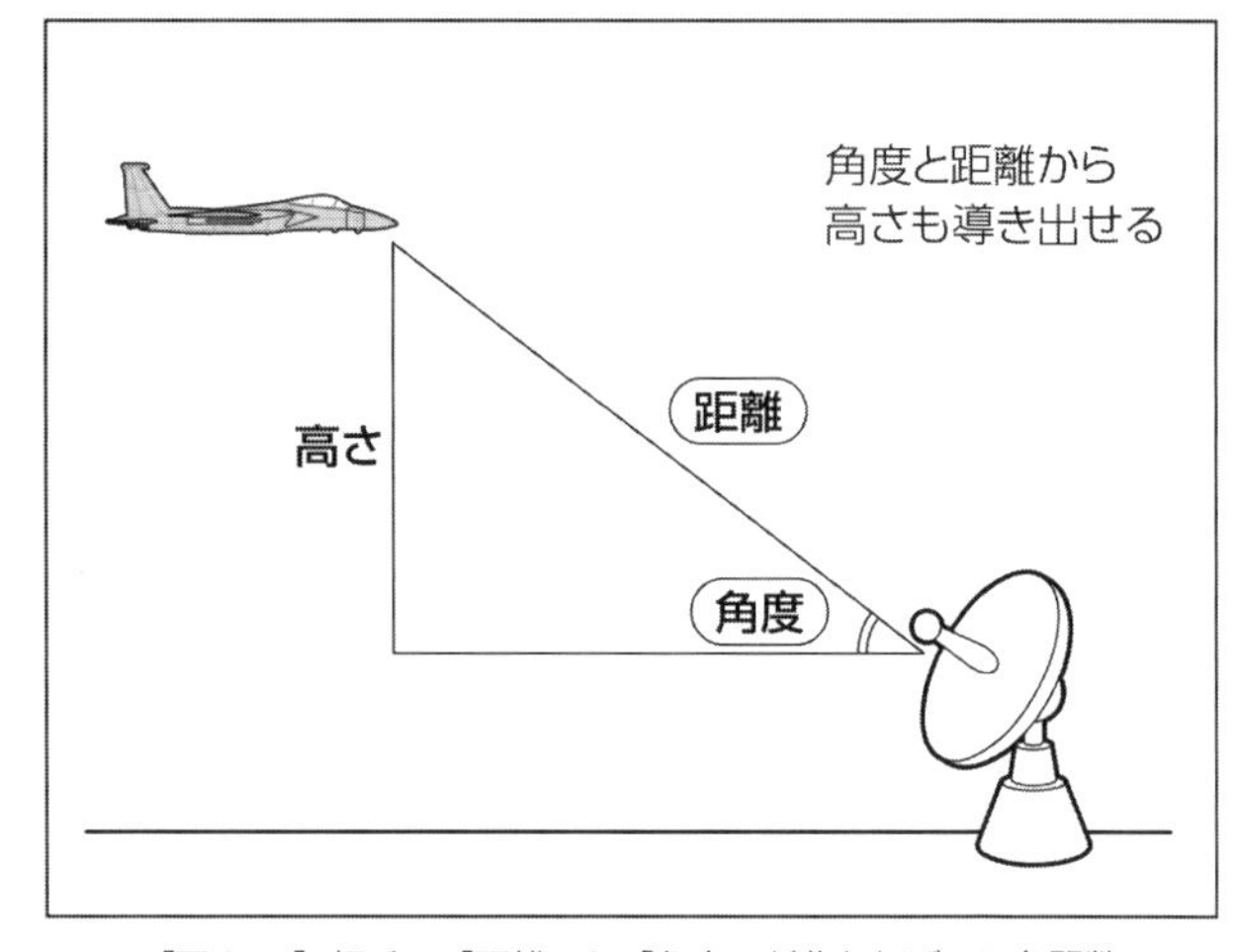

［図2-4］相手の「距離」と「角度」が分かれば、三角関数で「高さ」を計算することができる。

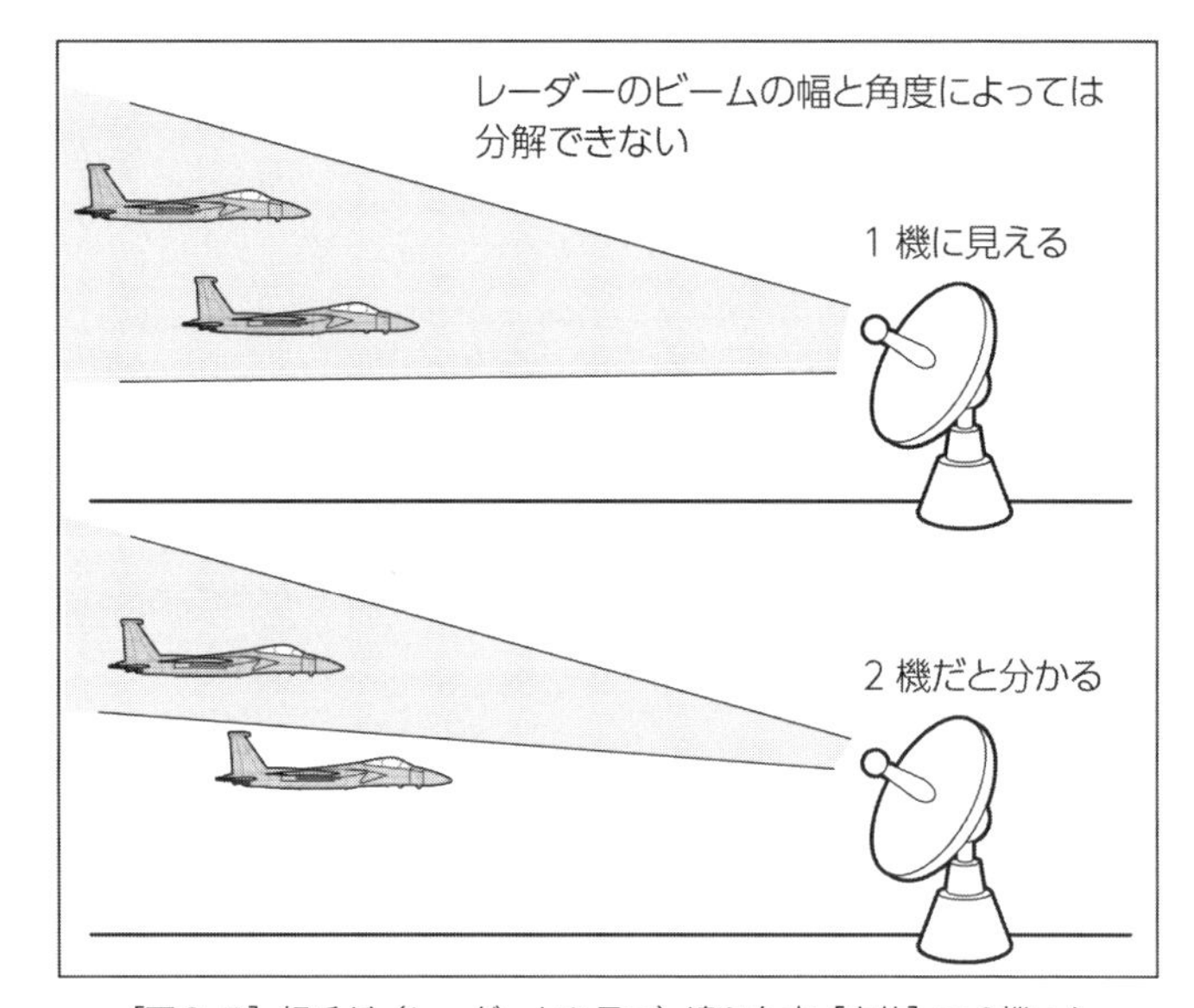

［図2-5］相手が（レーダーから見て）違う角度［方位］で2機いた場合、レーダーのビーム幅が広い（分解能が悪い）と2機いることを判別できないことになる。

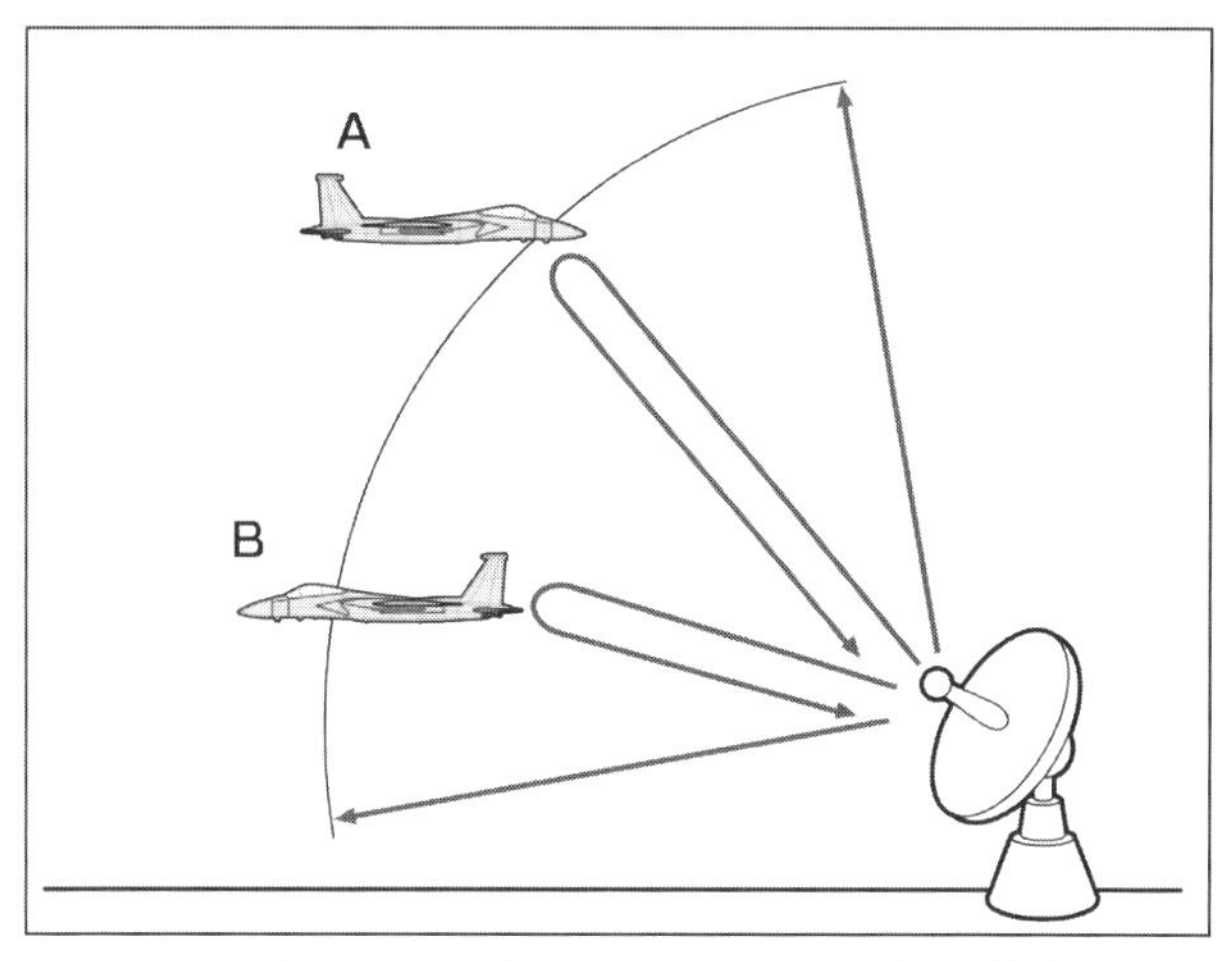

［図2-6］レーダーの幅には限界があるので、角度（方位）を少しずつずらしてたくさんのレーダーを照射する必要がある。

えておきます。例えば「この角度のときに出した電波は返ってきた。少しずらした次のレーダーは返ってこない。その次も返ってこない、その次も返ってこない、……（さらに角度をずらしながら続けて）、この角度のときは返ってきた」となれば、最初と最後の角度に1機ずつがいることが分かります［図2-6］。

角度が分かって、時間で距離が分かれば、アンテナの上下角で高さが分かります。そして最終的に、相手が自分からどれぐらいの距離で、どれぐらいの高さにいるかという情報も分かるわけです。要するに、三次元でモノを捉えることできるようになります。

◆相手が遠かったり複数いたりすると、複雑になる

ただし、相手が近いうちはしっかり反射されてきますけど、遠くなれば遠くなるほど返ってくる電波が弱くなってきます。言い換えれば、やまびこと同じです。ある程度の距離の山に「ヤッホー」って言えば、「ヤッホー」って返ってきますけど、あまりにも遠い山に向かって「ヤッホー」と言っても、まず声がそこの山に辿り着いてないかもしれませんし、やまびこが跳ね返ってはいるのかもしれないけど、途中で消えちゃっているかもしれません。なのでレーダーには、探知距離というものがどうしても決まってきます。

さらに、出した電波のうち、どの電波が跳ね返ってきたのかを識別しなければいけません。実際は送信する電波に、こ

れはAという電波、これはBという電波、こっちに出すときはCというふうに、その出す電波ごとに識別の符号を付けています。

実際はこんなに大雑把なものではなくて、レーダーはもっとすごーくたくさんの、1秒間に何十回とか何百回とかいう数の電波を出しては受け取っているということになります。

◆レーダーに映るかどうかはRCS値による

では、レーダーには何でも映るの？　という疑問を持たれるかもしれません。実際には映りにくいものもあります。それがステルスですね。近年、ステルス性能とよく言われますけれど、実際は相手の大きさによっても大きく左右されます。

ここで大きさって書きますと、いかにも大きい飛行機は大きく映るんじゃないかと思われるかもしれません。ここで大事なのは、ＲＣＳ（Radar Cross-Section：レーダー反射断面積）という値です。レーダーが電波を出して、その電波が反射される面積のことをＲＣＳといいますが、これは必ずしも航空機の大きさに比例しません。例えば、先ほど出てきたステルス機なんかであれば、ものすごくＲＣＳは小さかったりします。逆に、ステレス化されてない飛行機は、（自分より）大きな飛行機よりもＲＣＳが大きかったりすることもあります。

なので、レーダーで必要な情報が探知できるかどうかは、相手のＲＣＳの値にも大きく影響されます。例えば１００の電波を送って80ぐらい返ってくればしっかり分かるけど、１００の電波を送っても０・１しか返ってこなかったらよく分からないかもしれません。ヤッホーって言ってみたけど、「何か、ヤッホーって聞こえているような気もするな……」では結局何も分からないのと同じです。

このテーマはステルス性能のお話【第20話　X-2で学ぶステルスの科学――ステルス性（161頁）】参照）のときにまた詳しくお話ししたいと思いますけど、現代機はこのＲＣＳをいかに小さくするか、要は電波の有効反射断面積をいかに小さくするかが非常に重要になってきています。なかには、電波を（レーダーがある方向に）戻さないようにするだけじゃなくて、電波自体を吸収してしまおうという考え方でつくられている飛行機もあります。

今回はレーダーのお話をしましたが、もしよろしければ、空港に行ってグルングルン回っているレーダーをもう一度見てみてください。角度も変わらないし、水平方向に回転しているだけなのですが、それでも飛行機の位置情報（高さや距離）が得られるのは、さっきの三角関数を使っているからです。

ちなみに三角形で、相手が自分から何度上にあるか、その俯角（アングル）を「チルト（ＴＩＬＤ）」といいます。

勉強していくと、このレーダーは何に使っているレーダーだな、このレーダーは何を対象にしているレーダーだなということが分かるようになると思います。興味があったら空港へ行って飛行機を見るだけじゃなくて、レーダーにも少し関心を持ってもらうと、またちょっと空港ウォッチがさらに楽しくなるかと思います。

第3話　なぜ横風で所要時間が長くなるのか——航法①

◆普通の人には馴染みがない「航法」

今回のテーマは航法です。航法といわれても、何か難しそうで、みなさんはあまりピンとはこないかもしれません。ピンと来る方は実際に飛行機で飛ばれている方以外だと、船に乗られている方とかでしょうか。飛んでいる飛行機が実際に空の中でどんな飛び方をしているのかをお話ししつつ、説明していきたいと思います。

航法とは何かというと、簡単には自分の乗っている機体がどこかに行く際に、その針路を決める（針路の決定）ことをいいます。あとは、何時に着くか（到着時間）や、自分の燃料が足りるかを決めることです。

日常生活の中でみなさんが自転車や車でどこかに行くときにも、「遠いからガソリンを入れなきゃいけないな」とか、「お腹が空くから途中でお弁当を食べないといけないな」とか、「今から出たら間に合うのかな」といったことを自然に計算しながら移動していると思います。

航空機の場合もそのようなことを考えるのですけど、いざ離陸しちゃってから考えても、実は燃料が足りませんでしたなんて洒落になりませんし、お客さんとかが乗っていたらやはり時刻通りに飛ばなければいけません。ですので離陸する遥か前に、そういう段取りを考えます。

◆「大きな空気の入ったマスの中を飛んでいる」と考える

飛行機の場合、空気の流れがどういう状況になっているかを常に考えなくてはいけません。そのために「エアマス理論」というものがあります。

それは飛行機が飛んでいる状態を、空気の入った大きなマスの中を飛んでいると考えます［図3-1］。例えば水槽の中に、ひと塊の大きな空気のある空間があって、飛行機はその中をその空気の塊と一緒に進んでいるという考え方です。

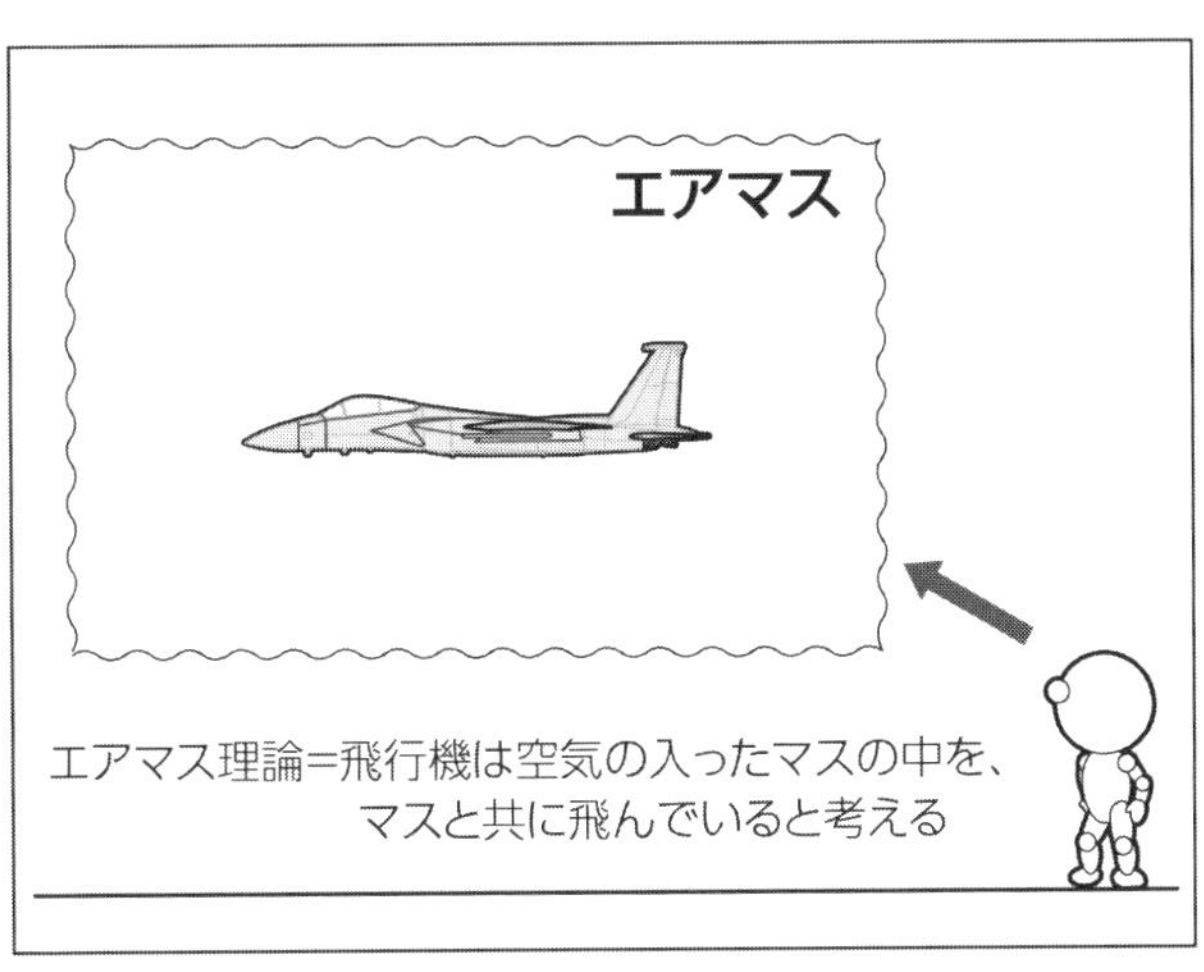

［図３-１］エアマス理論のイメージ。

この場合、地面は関係ありません。

ここで〝空気の流れ〟と書きましたけど、例えば風が吹くとします。普通は風が吹くというと、地面があって、例えば自分が向かおうとする方向からピューと風が吹いている光景を想像すると思います。この場合、自分が向い風で歩こうが、追い風で歩こうが、台風みたいな風でなければそんなに到着時間に影響は出ないと思います。でも、これが飛行機になるとちょっと話が違ってきます。

あくまでもエアマス、つまり空気の中を飛んでいますので、地面はないですからね。例えば進行方向から風が吹いていたとします。例えば時速10ノットで吹いていたとしましょう。そして自分が時速１００ノットで飛んでいたとしましょう。

この１００ノットという数字は、自機がいる空気の塊の中で、その空気に対して１００ノットで飛んでいるということです。なので飛行機の計器盤には１００ノットとちゃんと表示されます。

ところが、10ノットの風が吹いているってことは結局、空気の塊そのものが10ノットで飛んでいる、つまり10ノットで動いているということです。

ということは、地面にいる人から見ると、１００ノットで飛行機は進んでいるけれど、その周りの空気が10ノットで（飛行機の進行方向の）逆方向に進んでいるので、相対的に下から見ると、飛行機は90ノットで進んでいるように実は見えます［図３-２］。

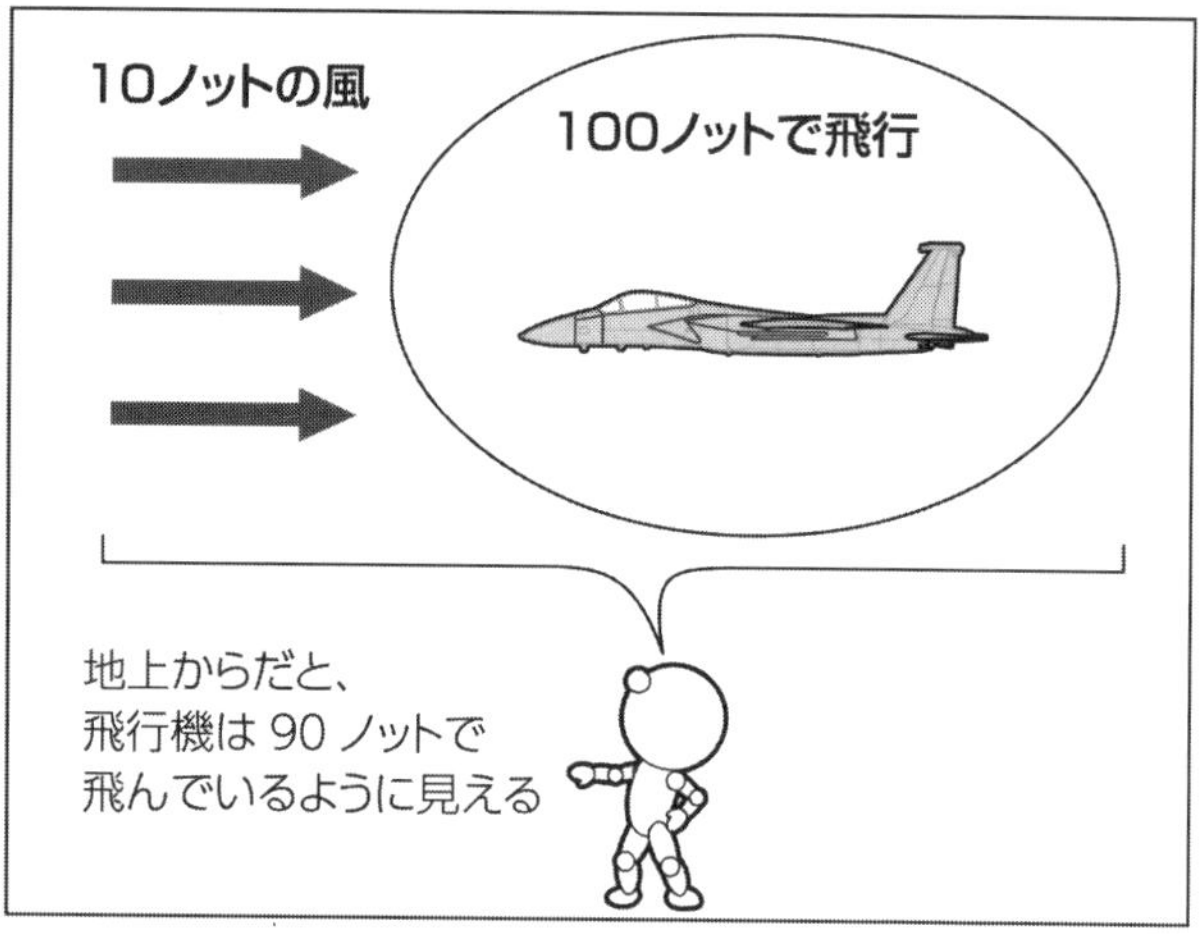

［図3-2］向い風10ノットの上空を１００ノットで飛行する場合について、エアマス理論で考えた図。

今は向い風の例を出しましたけど、例えばこの10ノットの風が追い風であれば、飛行機はなぜか（周囲の）空気に対して１００ノットで飛んでいるのですけど、その空気の塊そのものが10ノットで（飛行機の進行方向）へ移動しているので、地上から見た人には飛行機は１１０ノットで飛んでいるように見えるということです。

でもやはり、飛行機に乗っている人は１００ノットで進んでいるんです。不思議な現象ですよね。これがエアマス理論で、空を飛ぶ者は基本的にそういったことを全部考えながら飛んでいます。

◆時と場所によって風は変わる

さらにややこしい話があります。ある飛行場を離陸して、ある飛行場まで行くとします。離陸して巡航して降りてという一連のフライトの流れの中で、離陸時に吹いている風と高空で吹いている風と、目的機付近で吹いている風は違います。

つまり、所が変われば風も変わります。近いところだとほとんど変わらないかもしれませんけど、それこそ、東京から福岡とか、場合によっては沖縄から北海道まで飛ぶことがありますので、場所によって風が違うんです。

でも、時刻表通りになぜ飛べているかというと、実はパイロットが、その場その場の風を全部きちんと計算した上で飛んでいるからです。そうすることで、時刻表通りに着陸することができているです。

実際、エアラインの旅客機に乗られているときに機内で、

「どうも、コックピットから機長です。今日は○○をご利用いただきましてありがとうございます。目的地の○○までは順調に飛んでおります。今、高度はどれぐらいで飛んでいて、予定到着の○○には天候は晴れ、気温は◎度と予想されております。なお、到着については定刻通りの○時○分……」

といったような放送を聞いたことがあるのではないかと思います。

パイロットがこのアナウンスをできるのは、半分くらいの距離を飛んでいるときには定刻通り着くかどうかがもう分かるからです。小型機では計算尺(じゃく)の一種であるナビゲーション・コンピュータ（航法計算盤）を使って、自分自身で計算をします。

大きい飛行機になってくると、フライトマネージメントシステム（FMS／Flight Management System：飛行管理装置）と呼ばれるコンピュータがあります。機体に付いている各種センサーで上空の風や気温、気圧を測定して、到着時間を常に計算してくれます。もちろんパイロット自身も計算はできます。ここで何が言いたいかというと、つまり飛行機はそういったことを計算しながら飛んでいるということです。

航法には針路を決定するという項目の他に、到着予定時間の算出という項目もあります。風の吹いている方向や向きを考えれば、所要時間は算出することができるわけです。

◆飛行機は風に流される

その上で、今度は針路を決めるという作業もあります。針路には、これもまたエアマス理論がどうしても引っ付いてきます。

例えば、川を泳いで渡るとしましょう。その川は、右から左へ流れているとします。みなさんは川の手前（A地点）から向こう岸のB地点に行きたいとして、A地点からウォーとB地点に真っすぐ泳いでいったらどうなるでしょうか［図3-3］。

たぶん間違いなく流されて（B地点より川下の）C地点に辿り着くと思います。要はこの川の流れをまったく考えないで、正面に見えているからといってウォーとひたすら最短距離を泳いでも、絶対に川下のほうに流されてしまいます。これが飛行機の世界でもあり得ます。

飛行機の場合は相手は空気です。自分自身があるポイントに行きたい。でも上空の風が右のほうから左に吹いてい

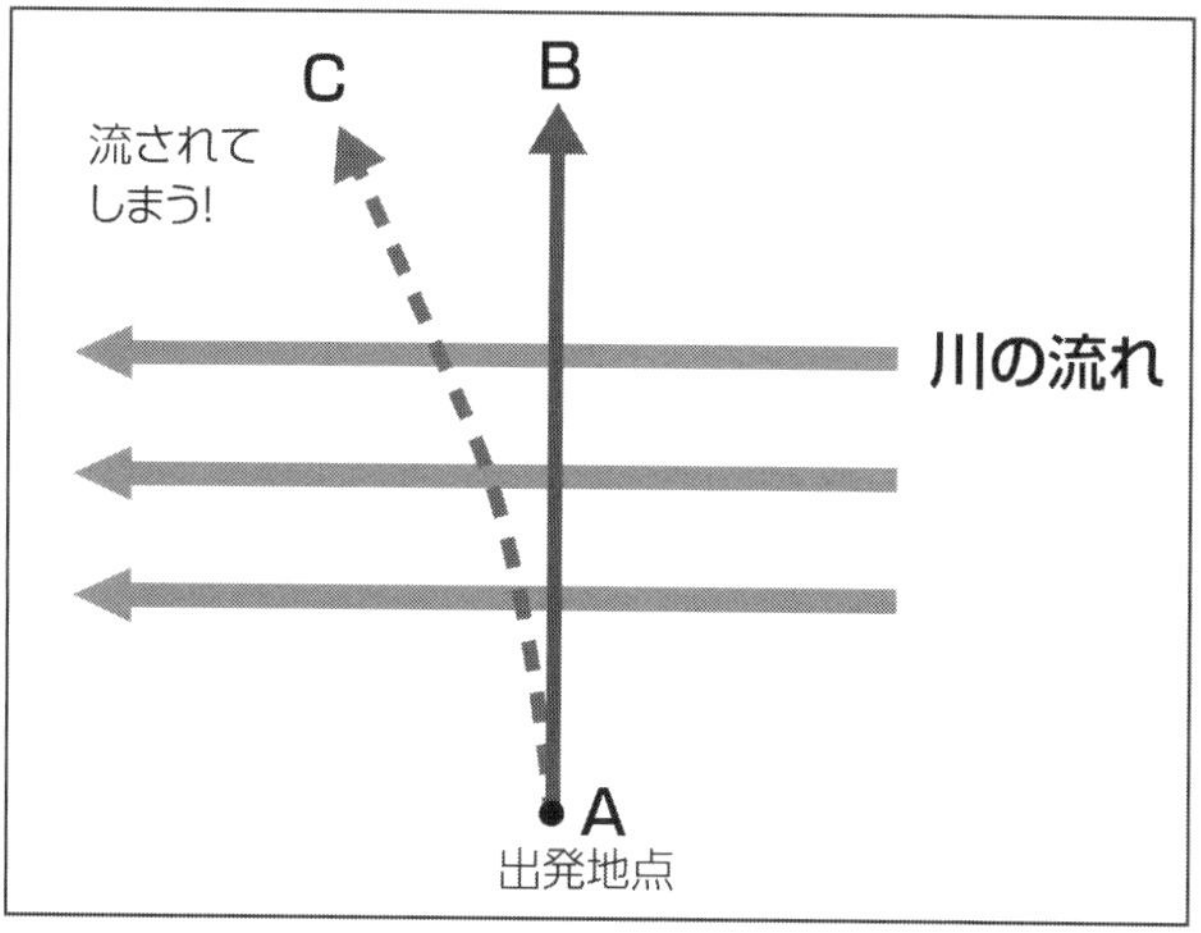

［図3-3］AからBへ進んだつもりでも、川の流れの影響を受けて川下のCへと流されてしまう。

るとしたら、真っすぐ向かっちゃったら最終的には左にズレていってしまいます。要は風で流されるわけですね。

なので、この場合、パイロットはどうしなければいけないかというと、始めから風を計算して、あらかじめ右のほうへ針路をずらして飛んでいくのです。飛行機を風上側に向かせて飛ぶことによって、風と自分のスピードの合わさった力で目的地に到達できます。飛行機が常に風に対して斜め横向きに飛ぶイメージですね。これは風が強ければ強いほど、この角度はどんどん大きくなります。

◆風を最初から考慮して飛ばなければならない

ここでちょっと難しいことが生じます。あるポイントに行きたいとして、もし横向きに10ノットの風が吹いているのであれば、始めから10ノット分だけ風上に針路をずらして飛べばよいというのは、三角形の理論になります。これを「ベクトル理論」といいます。

厳密にいうとこんなふうに考えればいいんです。風下に流される、風上に向かう、風下に流される、風上へ向かう、風下に流される……で、Bに着く。これを全部まとめると大きい三角形になるんですね［図3-4］。これを「風力三角形」といいます。

単に目的地に単に闇雲に突っ込んでいったのではダメで、常に風を考慮した三角形を頭の中で思い描いて飛ばなければいけないということです。

例えば本当に闇雲に突っ込んだらどうなるでしょうか。

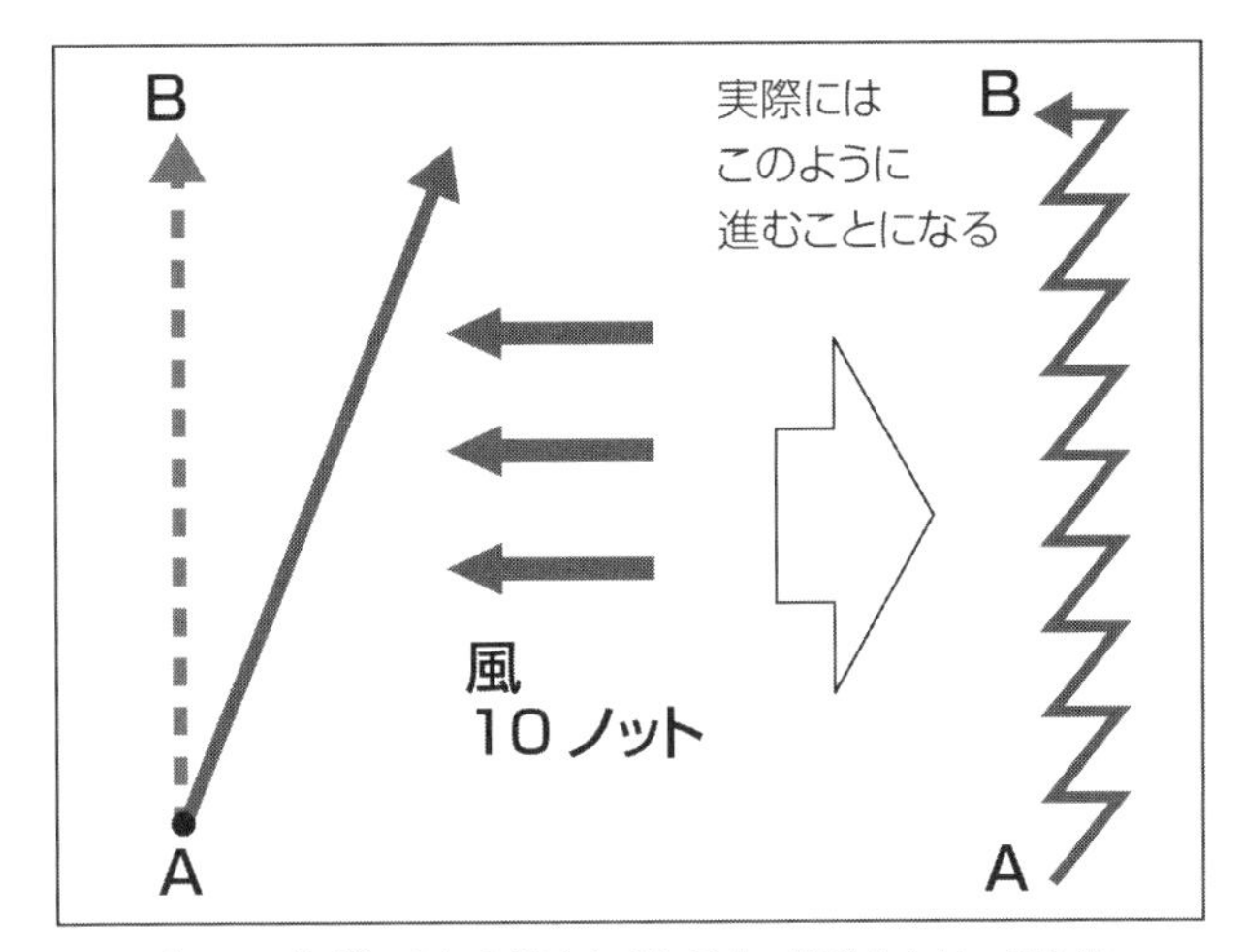

［図3-4］横風を打ち消すために風上へ機首を向けて飛ぶ場合（風力三角形の原理に沿って飛ぶ場合）も、実際には右のように風に流される動きと、風上へ進む動きを小刻みに繰り返すことになる。

風に流されるので、風上に針路を変え、それでも流されるので、さらに針路を変え、それでもやっぱり流されてと、最後は風上に向かって飛ぶ形になって最終的に目的地に着きます。ちなみに風を最初から考慮して進む飛び方を「トラッキング」、風に流されつつ弧を描いて進む飛び方を「ホーミング」といいます［図3-5］。

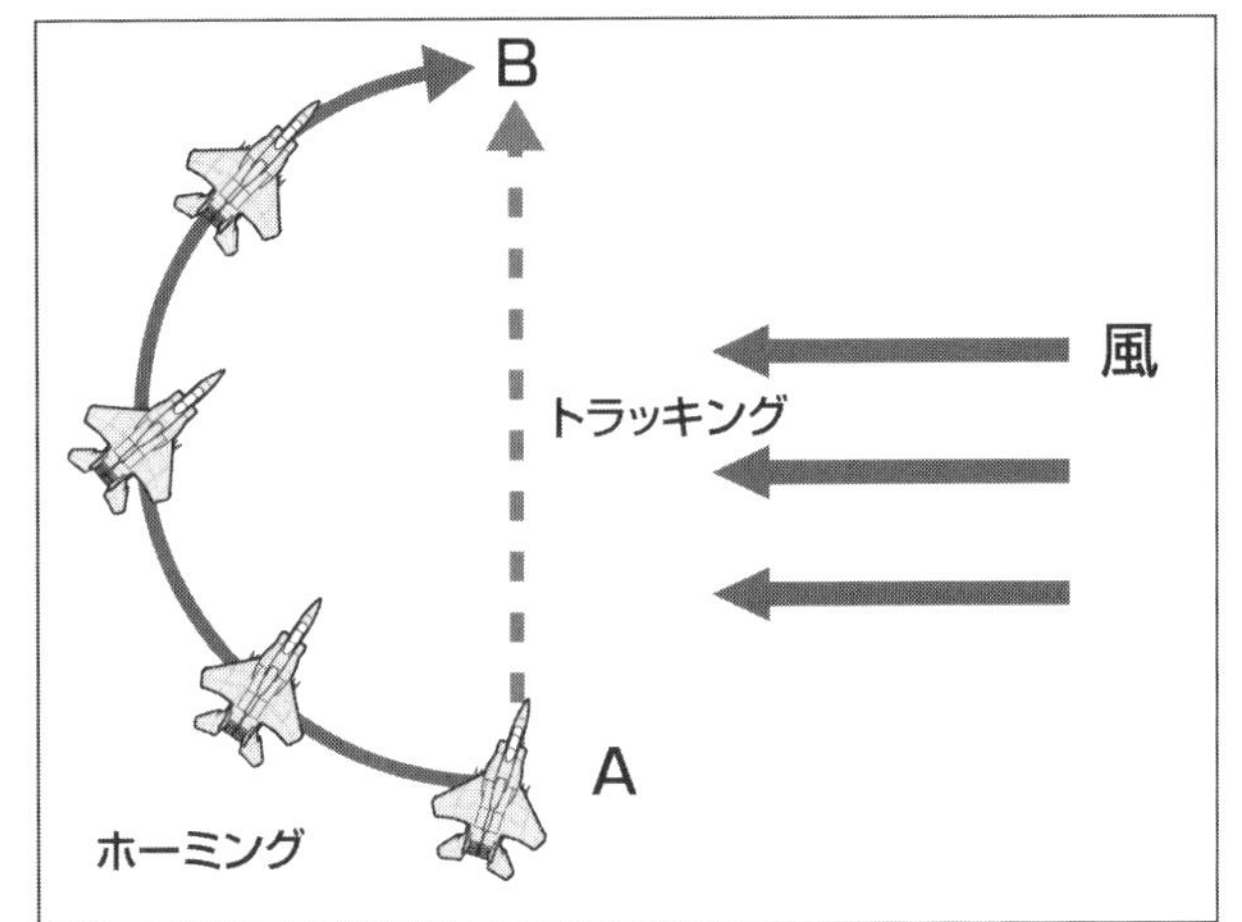

［図3-5］風力三角形の原理を考慮し風上へ向かって進む飛び方を「トラッキング」、風に流されつつ弧を描いて進む飛び方を「ホーミング」と呼ぶ。

風に流されつつ飛ぶという方法も、実は飛び方の一種としてきちんとあるにはあるんですね。昔はこんな飛び方をしている飛行機もありました。でもムダが多いので、今はほとんどがトラッキングという飛び方で飛んでいます。

◆横風の場合、到着時間はどうなるか

ここからさらに難しい話になってくるのですが、先ほど向い風の中を飛ぶときは、自分自身のスピードは遅くなると言いました。逆に追い風のときは空気のマスがすでに目的地に向かっていて、その空気に乗っていくわけですから、自分も早く着くことができるわけです。

では、横風の場合はどうなるのでしょうか。「横からの風だったら、前後のスピードに影響ないんじゃないの?」と考えられるかもしれません。でも実際はかなり違います。

例えば、出発地点（A地点）から目的地（B地点）までが100マイル離れていたとしましょう。100マイルとは、100ノットで飛ぶと1時間で到着するということです。

これに対して、例えば風が右から吹いているとします。ということは、A地点から風の分だけ風上に針路をとって（C地点へ向かって）飛べば、風で戻って目的地（B地点）に到達できます。

さて、みなさん、［図3-6］を見てください。A—Bの線の長さと、A—Cの線の長さではどっちが長いですか。A—Cのほうが長いですよね。ということは100マイルの距離を飛ぶのに100ノットで飛んだら1時間ですが、風を考慮して風上側（C地点）へ向けて飛んだ場合、より遠くなるということになります。

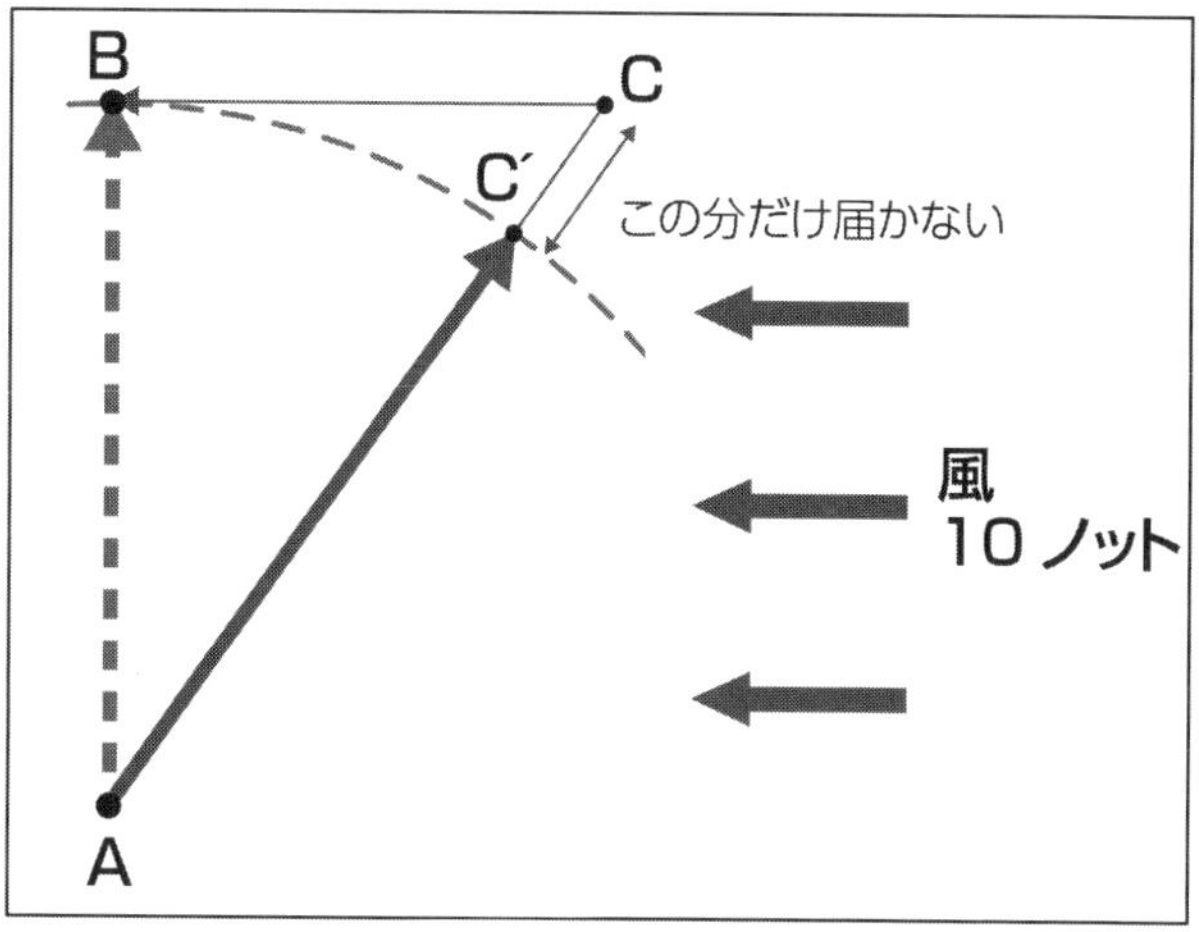

［図3-6］横風の場合、あえてC地点を目指して飛ぶことで本来の目的地・B地点に辿り着ける（風力三角形の原理）が、距離としては、本来A—B間を飛ぶ時間ではC'までしか進めていないことになる。

分かりやすくするために、A地点を中心に円を描いてみましょう。

風上のほうへ100ノットで飛ぶと、C'の地点までしか到

達できないのです。なので、実は横風が吹いているときは、無風なら100ノットで1時間飛べる距離であっても、同じ１００ノットで飛んだだけでは目的地に辿り着けません。つまり、1時間ちょっとかかるということです。自分の飛ぼうと思っている線の長さと、実際、自分が今から風を考慮して飛ぼうとした距離の差というのがどうしても出てきてしまうのです。

飛んでいるパイロットは、風がどっちからどう吹いているのかといった情報は、もちろんある程度は地上で天気図などを読むことで得られますが、現実には完全に知ることは非常に難しいです。やはり最終的には、自分が離陸して上空に上がり、そこで巡航に入って初めてその風が分かります。

そのためその風に応じて、時刻表通り着くためにはこのままの１００ノットでは間に合わないから、少し速く、例えば１１０ノットで飛ぼうとか１１３ノットで飛ばなきゃいけないとか、そういうことを考えながら実は飛んでいるのです。これを全部総称して「航法」という言い方をしています。

◆パイロットにとって航法は鬼門の一つ

実際問題、パイロットのライセンスを取る場合でも、航法は一つの鬼門です。とにかくこの風に対する考え方、つまり風力三角形ですね。さらに突き詰めるとベクトルの計算ですが、この考え方をしっかり常に頭の中で持って飛ぶ必要があります。

飛んでいるときは、「あっ、向い風だな」と思ってちょっと方位を変えた場合、「（今まで向い風だったから）今度は左前になっているな」とか、常に頭の中で考えながら飛ばないと自分の行きたいところに辿り着けません。ましてや時刻表通りには飛ぶことができないことになります。

多少遅れても、早く着いても、そんなに問題ないじゃないかというところももちろんあります。着けばいいという考え方です。ただどうしても飛行機が積める燃料に限りがありますから、いざ行きました、ちょっと遅れそうです、あっ、このまま飛んだら燃料ちょっとギリギリかもしれないです、では困るんですね。

なので、飛行時にはこういったこともすべて計算した上で、機体に燃料を積んでいます。さらに天候などによって目的地の空港に降りられなかった場合に、別の空港にダイバート（代替飛行場に向かうこと）しなきゃいけないこともあり得ますので、その分の燃料も考慮に入れなきゃいけません。それにも風が影響します。

要するにパイロットは、空気の流れ（何度もいいますがエアマスですね）について常に考えながら飛んでいるということを、ちょっと頭の片隅に持って覚えておいていただければと思います。

◆「東京—福岡」は行き帰りで所要時間が違う

ちなみに、今私が言ったことを、みなさんが簡単に確認できる方法があります。エアラインがホームページなどに公表している時刻表をよくご覧になってください。

東向きと西向きがあると思いますが、東向きは例えば福岡から東京とか、東京から札幌など、東向きに飛ぶ路線です。

例えば「東京—福岡」で比較するのが分かりやすいと思います。福岡から東京に行く場合にかかっている時間と、東京から福岡に戻ってくるときの時間では、どちらが長いかをよく見てください。

ほぼ、すべての時刻表が西向きに飛んでいくとき、具体的には東京から福岡、札幌から東京といった路線では（東向きより）大体5分から10分ほど長くなっています。同じ時間ではありません。1時間で行って、1時間で帰ってくるわけじゃなく、東向きが1時間だったら、西向きは1時間10分とかになっていると思います。

これはこのエアマス理論が一番大きく出る部分です。みなさんは地面にいると、今日は北風、今日は東風、今日は強い、弱いと風はコロコロ変わると思いますが、実は日本の上空は偏西風という風が吹いていて、ほとんどが西風なのです（緯度による）。

そういった時間の差は、この航法、つまりエアマス理論に基づいているんだなということをチラッと見ていただければと思います。

◆夏と冬でも所要時間は変わる

さらにもう少しお時間のある方は、夏と冬の時刻表を見比べてみてください。冬のほうが差は大きく、夏のほうが差が小さいです。

これにも理由がありまして、偏西風（上空に吹いている西風）は冬のほうが強いからです。１００ノットとか吹いているときがあります。

極端な話、１００ノットといったら、セスナとか小型機だと最高速度ぐらいです。ですので１００ノットの風の中を、向い風となる状態で、セスナが最高速度の１００ノットで飛んだとしたら、地面から見たらずっと空中に留まっているような状態になります。

なのでパイロットは、東に向かうときはその強い追い風に乗れる高度を選択しますし、帰りは向い風が強くならないような高度帯を上手に選択します。

しかし高度が低すぎると、（空気の密度が高いので）燃費がかなり悪くなります。逆に高度を上げすぎると、今度は降下に時間がかかってしまいます（上昇も降下も意外と時間がかかるのです）。

なので、パイロットはこれから飛ぶ路線において最も効率のいい高度を選択しつつ、風の弱いところを選び、加えて上昇効果のレートが最も燃費がよくなり、さらに時間に間に合うように考えて、飛んでいると思ってください。

「あー、オートパイロットのボタンをポチッと押せばいいんでしょ？」と思われる方もいるかもしれません（笑）。もちろんそうです。オートパイロットはある部分はやってくれます。ただし、飛ぶ前に機長は必ず自分で確認をして、計算して飛んでいます。どんなに技術が進んでも、航法という考え方は非常に大事なのです。

第4話　戦闘機パイロットの育成が楽になった？——操縦教育

◆昔に比べてシンプルになった今の操縦教育

今回は航空自衛隊の操縦教育の変遷についてお話をしていきたいと思います。

以前、ＳＮＳ上でこんな質問をいただきました。

> 今の航空自衛隊のパイロット教育は、最初にT-7という単発のプロペラ機から始まって、その次はいきなりT-4双発のジェット機になって、その次はもう戦闘機です。第1、第2段階のあとにすぐ戦闘機なので3段階です。
>
> ところが一昔前は、まずT-3というプロペラ飛行機から始まって、次がT-1という単発のジェット機、そしてその次がT-4という双発のジェット機、そしてT-2という双発のほぼ戦闘機みたいな練習機、そしてやっと次に戦闘機、というふうに4段階になっていました。
>
> 昔に比べて非常にシンプルになったといえばシンプルなのですが、なぜそうなったんですか？

◆区分けが違うだけで、課程の数は変わらない

これは、なぜそうなったかと言われても、そうなっちゃったというのが正直なところです。ピンとこない方もいらっしゃると思いますので、もう少し詳しく説明します。

昔はこういった順番でした。①T-3（60時間）→②T-1（75時間）→③T-4（90時間）→④T-2（60時間）→戦闘機。

今はこうです。【1】T-7（60時間）→【2】T-4（80時間）→戦闘機です。

ただ、ちょっと勘違いしていただきたくないのは、今、最初に行なうプロペラ機の練習課程のことを【1】初級操縦課程といいますが、昔この段階は①第一操縦課程（T-3）と言っていました。②T-1が第二操縦課程、③T-4が基本操

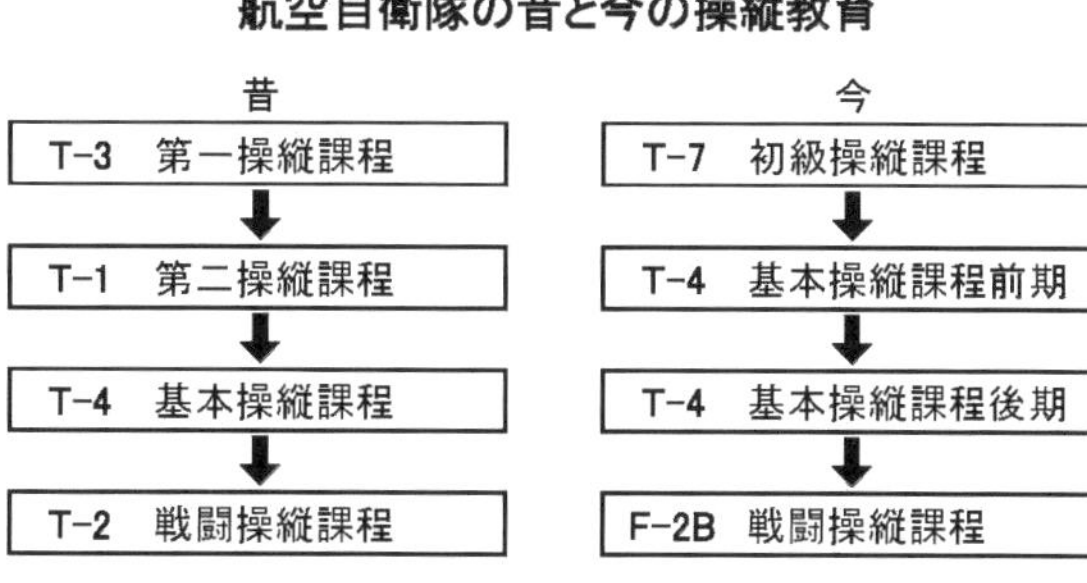

縦課程、④T-2が戦闘操縦課程と呼ばれていました。

今は【1】初級操縦課程［T-7］→【2】基本操縦課程前期［T-4］ですが、前期ということはその後があるんです。実は後期として、もう一回T-4があります。【3】基本操縦課程後期［T-4］（80時間）です。そしてその次がF-2B型機、つまり戦闘機ではありますが、昔の④戦闘操縦課程（T-2）でやっていた【4】戦闘操縦課程（100時間）をやっています。ちなみにF-2Bの「B」は複座型という意味で、松島基地にはB型のF-2がいっぱいあります。

ですので、機体だけから見ると非常にシンプルになったように見えるのですが、課程の数は実は変わっていません。4段階を経てから、実戦部隊への配属されることになっています。

今は【2】基本操縦課程前期（T-4）の次に大きな山があります。実はここで事業用操縦士、要はパイロットとしてのライセンスを取得しなければなりません。

取得といっても黙って口を開けていれば貰えるものではなくて、きちんと試験を受ける必要があります。試験を受けて合格したら、ペーパーテストも受けます。実技試験も受けて合格したらパイロットになります。言い換えれば、ここで事業用操縦士（パイロットライセンス）を取れないと、（航空自衛隊のパイロットとして）クビになってしまいます。罷免されるってやつですね。

◆重要なのは機体ではなく、どういった操縦を学ぶか

では、なぜこういう操縦課程に変わったのでしょうか。

ちなみに私自身は昔の「T-3、T-1、T-4、T-2」で卒業しました。私が先生になったときには今の「T-7、T-4、T-4、F-2B」になっていました。なので私は、まさに変遷をちょうど見てきたことになります。その私が考える理由のまず一つは、T-1に変わる初等ジェット練習機が

なかったからではないかと思います。練習機をゼロから開発するのは、やはりお金も時間も非常にかかってしまいます。

もう一つには、「T-1でやっていること」と「T-4でやっていること」の差が、言うほどないからではないかと思います。例えばエンジンが2本になったから難しくなったかと質問されると、もちろんスピードも速くなって「難しくなった」とは思いましたけど、じゃあそれでどこがどう劇的に変わったかと問われると、正直あまり記憶にありません。

操縦教育では、どんな航空機を使っても、その段階で教えられる内容が何であるかが一番のキーになります。今の操縦教育のT-4も、前期課程と後期課程の2つに分かれていますが、(機体は同じでも)やっていることは全然違います。基本的に飛ぶのは変わらないのですが、やっている難易度からすると、やはり後期のほうが遥かに難しいことをやっているのです。

「単発プロペラ機から、いきなり双発のジェット機を操縦するのは難しくないんですか?」とよく質問されます。もちろん手順を覚えなければいけませんし、やらなければいけないことも一気に増えますが、実際には難しさはどうなのでしょうか。

単発のプロペラ機(T-7)から双発のジェット機(T-4)になったからといって、この課程でクビになる人間が増えたという話はあまりないです。同じぐらいの淘汰率(罷免率)だったと思います。10数%です。一時期20%に近いときもありましたが、最近は1割ぐらいに安定したと思います。

◆時速40キロを超えたらスピード感に差はない

スピードが速くなったら、操縦は難しくなるだろうとちょっと思われたかもしれません。我々が学生の頃も、自分が教官になった後でもよく言われていたことがあります。「人間が、速度を速度として認識できる上限値は時速40キロまで」ということです。これは割とよく言われます。

時速40キロまでは、自分自身の感覚、つまり目や耳から入る情報などによって速度を感じることができるんですけど、その違いが分かるのは40キロまでです。

40キロを超えると、実は全部同じに見えます。60キロで走っても、80キロで走っても、100キロで走ってもあまり変わりません。

「えー、車を運転していると、時速60キロで走っているときと、100キロで走っているときじゃ、全然違うじゃん」と思われると思います。もちろん、周りの景色を見たら違いが分かります。ところが飛行機の場合は周りは空です。電柱があるわけでなし、建物があるわけでもありません。

一回飛んでしまうと、相対的に速度を比較するものが一切ありません。飛行中は、はっきり言って１００ノットで飛ぼうが、３００ノットで飛ぼうが、それこそ音速で飛ぼうが、乗っている本人は正直よく分かりません。分かるのは速度計を見て「あ、４００ノット出てる」や「あ、マッハ１・５出てる」と思うだけです。乗っている人間は、実は差が全然分からないのです。

その点、T-3やT-7の時点ですでに時速40キロを軽く超えています。プロペラ機といっても１００～１２０ノットが出るってことは、時速２２０～２３０キロが出るということです。ましてやT-1のような単発ジェット機だと３００～３５０ノット（時速５５０～６４８キロ）、さらに双発ジェット機のT-4になると４００～４５０ノット（時速７４０～８３３キロ）が出ます。

これはもう、最初のT-3やT-7の時点で、人間のスピード感をほぼ無視している段階なので、スピードに対する恐怖感の差は正直ほとんどなかったように記憶しています。自分が先生になって学生に教える際も、ほとんど速度を体感することはありません。

どのくらい気づいていないかといいますと、例えば着陸時は70ノット（時速約１３０キロ）で入りなさいよって教えるんですけど、最初の頃ですからいろいろ失敗するわけです。例えば50ノット（時速約92キロ）を切ったら墜落しちゃうかもしれないのに、（学生は）平気で50ノットぐらいまで減速したりします。もし体感的に分かっているのであれば、（減速しすぎであることに）気づくはずですけど、気づきません。

◆懐かしい練習機の紹介

当時の懐かしい機体が出てきましたので、ちょっと紹介しましょう。

まず、T-3です［図４-１］。個人的に非常に長く乗っていましたので、とても懐かしいんです。とても愛着のある、とにかく可愛い飛行機です。３枚プロペラのガソリンエンジンです。水平対向の6気筒IGSO-480A-IF-3というタイプのエンジンを積んでいまして、2人乗りです。こんなに小さい割にはアクロバット飛行も一通りできるという、結構優秀な飛行機です。

［図4-1］富士重工業が製造し、１９７８年から２００７年まで運用された初等練習機T-3。射出座席は備えておらず、パイロットはパラシュートを背中に背負って搭乗した（写真：Yamaguchi Yoshiaki）。

次はT-1です［図4-2］。日本語名称で「初鷹」、鳥の鷹ですね。真正面に空気取り入れ口（エアインテイク）があって、そこから吸い込んだ空気が座席下のダクトを通って、後席のすぐ後ろのジェットエンジンへ向かいます。まさにジェットエンジンの外側に筒を付けて、その上に人が乗っているというようなジェット練習機でした。

T-1にはA型とB型と2種類がありまして、私はT-1Aの方に乗っていました。T-1Bの方はパワーがなくて、操縦が非常に難しいということで優秀な同期が乗っていたのを今でも覚えています。

エアインテイクの真ん中に線が入っているため、「ブタ鼻さん」って呼んでいました。

次はT-4です［図4-3］。私は学生のときに初めてT-4に乗ったのですが、そのときはまだ導入されて数年だったのでとにかく綺麗でした。マニュアルも何もかもピカピカでした。こんな新しい飛行機を使っていいのかなっていうくらい、車で言うと新車を買ってウキウキ気分って感じで乗っていたと思います。

小さな戦闘機で、機動面はすごい反射というか、反応の良い機体です。ちょっと操縦桿を押してもパーンって感じで動きますね。

先ほどのT-3やT-1ぐらいまでは、操縦桿をガンと動か

［図4-2］１９６０年から２００６年まで運用された中等練習機T-１B「初鷹」。富士重工業により製造され、日本初のジェット機であり、戦後初の実用国産機であった（写真：いたち）。

しても機体がのた～と動くので、言い方は悪いんですけど反応が悪い飛行機でした。良い言い方をすると、空気に浮いている飛行機という感じでしょうか。でも、このT-４に乗ったときは全然違って、エルロンロールでも操縦桿をちょっと動かせば、パッ、クルッと回るんですよね。みなさんブルー

［図4-3］T-1の後継機として、１９８８年から運用されている中等練習機T-4。炭素系複合材などの新技術も採用した純国産機であった（写真：航空自衛隊）。

インパルスを見れば分かると思いますけど、そういう飛行機でした。とにかく最初はジタバタジタバタしまくりながら飛んでいた記憶があります。

ある意味、燃料タンクを付けるとちょっと（機動が）安定します。フォーメーション飛行や編隊飛行をするときは、燃料タンク付きのT-4だとラッキーみたいに思っていた記憶がありますね。

T-4を卒業してパイロットの免許を取った後は、私は戦闘機パイロットへ振り分けられましたので、T-2という飛行機の107号機に乗りました［図4-4］。これはT-2最後の機体だったと思います。

T-2には宮城県の松島基地で乗っていました。私は、槍のような細い胴体に、小さな主翼という、この飛行機が大好きでした。

でもT-2に関しては、「あー、練習機だけど、やっぱり戦闘機だな」ってしみじみと思った記憶があります。なぜなら初めて機銃が付いていたからです。

ちなみに戦闘操縦課程からは機銃で撃つ訓練がスタートするんですけど、何回やっても当たりませんでした。1年ちょっとぐらいの期間に860発ぐらいを撃ったんですけど、確か2発ぐらいしか当たった記憶がありません。とにかく

［図4-4］三菱重工業が製造し、1974年から運用された高等練習機T-2。写真は2006年まで岐阜基地の飛行開発実験団に残っていた特別仕様機（107号機）（写真：いたち）。

射撃が下手だったのでしょう。

昔はこんな感じで、４機種を乗り継いでいたのですが、現在はT-7プロペラ機から、いきなりT-4ジェット機になります。いろんな理由はあるとは思うんですが、私が考える理由は先ほど述べた２点です。現在、航空自衛隊は「T-7、T-4、T-4、F-2B」で戦闘機パイロットを育てていますが、特に問題もなく、ある意味淡々と教育ができているので、問題もないんじゃないでしょうか。

本当の理由は、私も自衛隊の中央で操縦教育の改編自体に携わったわけではないので、よく分かりませんが、個人的にはシンプルでいいんじゃないかなと思っています(今の教育についてあれこれ言える立場ではないのですが)。

特にT-4という飛行機は非常に良い子です。操縦しやすいし、扱いやすいし、スピードも結構出ます。一家に一機貫えるなら、一機欲しいような可愛い飛行機です。このイルカみたいな形状が、また私は好きです。

第5話 「五輪」と「サクラ」ではどちらが描くのが難しいか
―ブルーインパルス①―

◆五輪マークとサクラを描く難易度は違うのか？

今回は何とも懐かしい、ブルーインパルスが東京オリンピックで五輪マークを上空に描いたお話です。

残念ながら、このとき私はまだ産まれておりません。いつの話だよという話なんですが、時は1964年（昭和39）です。当時ブルーインパルス機だったのはF-86Fという戦闘機で、5機が上空に五輪のマークを描きました。

実はこの五輪を描いた先輩を、私はリアルで知っていたりします。操縦教育課程での先生でいらっしゃいました。尊敬と同時に憧れでもあった方で、当時は神様と呼んでいました。

さて、このブルーインパルスですが、五輪を描くにあたって、練習では一回も上手くいかなかったんですけど、本番でなんとか上手くいったというお話です。これは私もチラッと聞いたことがあります。

でも今のT-4のブルーインパルスはサクラを描いていますよね。丸が6個です。五輪は5個ですが、上空で丸を描くという点については、ほぼ同じです。ハチロクブルー（F-86Fブルーインパルス）の頃は練習しても練習しても失敗ばかりで、本番で奇跡的にやっと上手くいくぐらいの高い難易度だったにも関わらず、今のT-4ブルーインパルスになってから、サクラはほぼ毎回成功しています。

SNS上で受けた質問の内容は、五輪マークを描くのとサクラのマークを描くのでは、難易度が違うんですか？　というものでした。

私はブルーインパルスの経験はありません。ありませんので、ここからの話は推測になることをご容赦いただければと思います。

当時の大先輩にお話が伺えればいいんですけど、なかなかそういう時間もなかったので……。でも結論からいいますと、技術的には同じだと思っています。上空にオリンピックの五輪マークを描くのも、上空にサクラのマークを描くのも、上空に例えば文字を書いたりとか、ビッグハートなどのハートを描くのも、難易度的には同じ難易度だと思います。

決して簡単だとは言いませんよ。難しいと思います。でもなぜ、五輪とサクラでそんな差が出てくるのかというところについて、今回はちょっと私の推測も含めて（推測でしかないんですけど）お話をしたいと思います。

◆初代ブルーインパルスF-86Fと3代目T-4

まずこの話に出てくるF-86Fをみなさんはご存知でしょうか。いいですよね、私はこういった細長い飛行機がすごく好きなんですけど、航空自衛隊浜松基地近くの浜松広報館の正面入り口に飾ってあるのがF-86Fのブルーインパルス仕様の機体です。もちろん綺麗にお化粧直しして飾ってありますが、本当に飛んでいた機体なんです。ちなみに、こういう飾ってある機体は実機です。

このF-86Fは単発のジェット機で、この機首の鼻先から空気を取り入れて胴体内いっぱいにエンジンがあります。パイロットは1名です。

ちなみにF-86Fに2人乗り用（複座）はありません。なので初めてF-86Fに乗った訓練生は初回から単独飛行でした。教官が他の機体で横にずっと付きっきりで見ながら、最初から単独飛行で訓練を行なったと聞いております。

逆に現在のブルーインパルスはみなさんよくご存知の川崎重工製のT-4です。すべて2人乗りですが、1名で乗ってもいいですし、2名で乗ることも多々あります。なお、このカラーリングは一般公募されて採用されたものです。

ちょうどこのT-4ブルーインパルスができつつある頃に、私も航空自衛隊におりましたが、一般の女性の方のデザインだそうで、格好良いですよね。今でも決して時代を感じさせないデザインです。

◆大事なのは、旋回に入る前の各機の位置関係

さて、本題に戻りましょう。みなさん、上空に五輪やサクラのマークを描くときに、どういう飛び方をしているかを考えたことがありますか。

地上から見ていると、スモークを引くまで機影が分からないと思います。ものすごく目の良い方は別として、普通は目

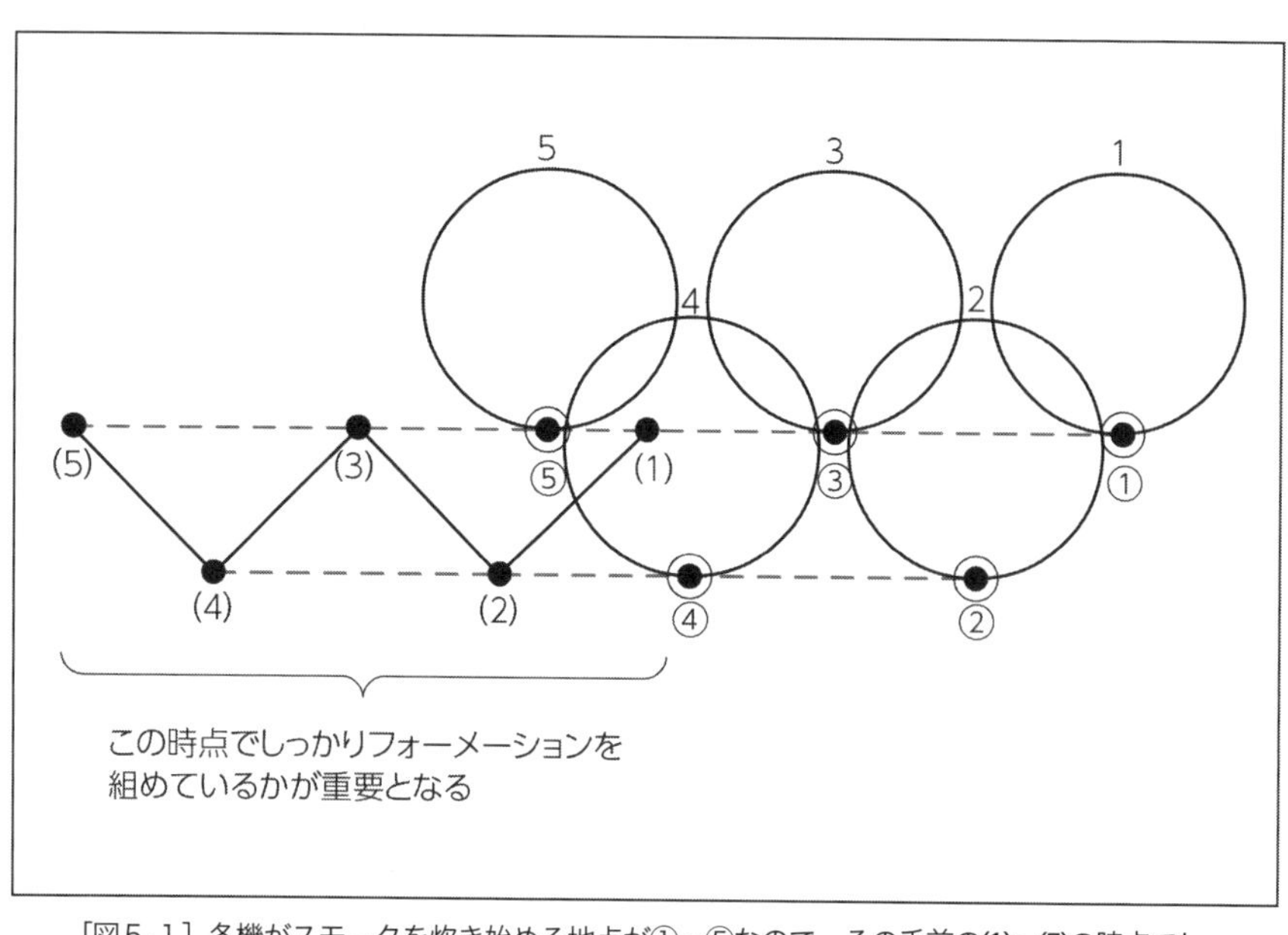

［図5-1］各機がスモークを炊き始める地点が①〜⑤なので、その手前の(1)〜(5)の時点でしっかりとフォーメーションを整えておく必要がある。

をかなり凝らして、ある程度機動していく位置を予測しないと分からないはずです。ここでちょっと簡単に、五輪を描く際の各機の機動を図示します［図5-1］。

この黒い5つの輪っかが五輪のマークです。各円が少し離れていて、一部がちょっとかぶっています。右側の円から1、2、3、4、5番と番号を振ります。

この円を描くときに、機体は左側から侵入してくるとしましょう。この1番の円を描く人は、左側からずっと飛んできて左旋回でグルーっと一定のレートで旋回して、右側へ離脱します。旋回開始と同時にスモークを焚いて、360度回ったところでスモークを切って離脱すれば円ができます。これを、5機全部が同じタイミングで行なえば、五輪が描けます。

ということは、この五輪のマークを描き始める瞬間の各機の位置っていうのは、それぞれ図の①〜⑤地点になります。左側から一斉に来て、みんながこのポジションに来ると同時にスモークを焚きつつ、左旋回をスタートすることになります。

ですので問題は、この①〜⑤地点のときの位置関係になります。これを突き詰めて、時間を戻していくと、(1)〜(5)の時点で、しっかりと隊形（フォーメーション）を整えておく必要があるということになります。ここから互いの距離がずれないように真っすぐに飛んで、①～⑤地点で、「レッツゴー」といって言ってドーンと回ることができればいいことになります。

一定の円を描くのは、基本的にはそれほど難しくはありません。もちろん風に対する軌道修正も必要なのですが、基本的にバンク角（飛行機を傾けた角度）と速度を一定にしていれば、一応、真円というのは描きやすいです。

なので、円を描くこと自体よりも、この①～⑤のポイントに正確に進入することが難しいんだと思います。

これはサクラの場合も一緒です。真ん中の円を描く人と、周りの円を描く人のそれぞれのスタート地点を決めておいて、その隊形を事前にしっかりつくっておきます。そこから真っすぐ飛んで、ある地点で「レッツゴー」と言って旋回を始めます。

つまり、やっていることは実は変わりません。

◆距離を測るA/A TACANがあったのか、なかったか

では、東京五輪のF-86Fと現在のT-4で、なぜ成功率が天と地ほど差が出てしまうのでしょうか。

ここからはあくまでも私の予測が入ります。航空機には無線機だとか、VOR（超短波による方向指示標識）とかTACAN（タカン：戦術航法装置）といった自分の機体の位置を示したり、基地や空港の方角・距離を示す機械が付いています。現在の戦闘機であるF-15やF-2にも当然付いていますし、T-4にも付いています。

こういった機械の中に、A/A TACAN（Air to Air TACAN）というものがあります。これは一般的にTACANと呼ばれる航法機材の一種です。

TACANという航法機材がどういうものかというと、空港に設置されているTACANの発信機に周波数を合わせると、飛行機の針がピッとそっちの方に向いて、（空港までの）距離を教えてくれます。ベアリングレンジ（方位距離）って言うんですけど、要はそのTACAN局までの距離と方位を教えてくれるものです。

TACANは通常、自衛隊や米軍の基地、場合によってはエアラインなど航空路の中継点なんかに設置されていますが、A/A TACANは上空を飛んでいる飛行機同士で周波数の組み合わせると、自分とその飛行機のお互いの距離を教えてくれます（方向は出ません）。

これがT-4には付いています。距離が分かるというのは非常に大きな情報です。

具体的には、サクラを描く上で最初に入ってくるための隊形は、結局サクラの形のある一点をずっと結んだ形ですから、その隊形はサクラの形しているはずです。そのときに自分と他機の「距離」が分かれば、それに加えて「アングル」が分かれば、自分の位置は決まります。

◆他機との角度は目視でも測れる

ちょっと難しいでしょうか？　これは三角形の理論にちょっと似ています。自分から他機を見たときに、正面から何度のアングルで、××マイル離れているような位置に自分がつけば、この位置関係はずっと変わらないはずです。

この調子で、ある1機を中心に、他の飛行機との角度と距離を守ることで正確な隊形をつくり、維持することができます。TACANは0・1マイルぐらいまで測定できるので、かなり正確な隊形がつくることができます。

一方、角度は目で測ることができます。レーダーが付いていれば（他機を）ロックオンしてアングルが何度かを正確に測ることもできますが、T-4にはレーダーが付いていませんので目視になります。しかし目視でも、10度なのか、12度なのか、15度なのかは分かります。これは訓練の賜物で、私も分かります。

目視で対象機との位置関係や角度を測る方法はよく使用します。それは、対象機の各部位を延長した線をイメージし、それらを結んだ点に自機（自分の目）が来るようにする方法です。

一番簡単な例を挙げると、対象機の「①主翼の前縁を延長した線」「②水平尾翼の後端を真横に延長した線」「③（高さの面で）主翼を延長した線（主翼の上下面が両方見える位置）」の3つの線が交差する点に、自機（自分の目）が位置するようにすれば、常に対象機に対して一定の位置を維持することができます［図5-2］。

この例は通常編隊位置（ノーマルフォーメーション）と呼ばれるもので、編隊飛行などをする際はこの方法を応用しています。

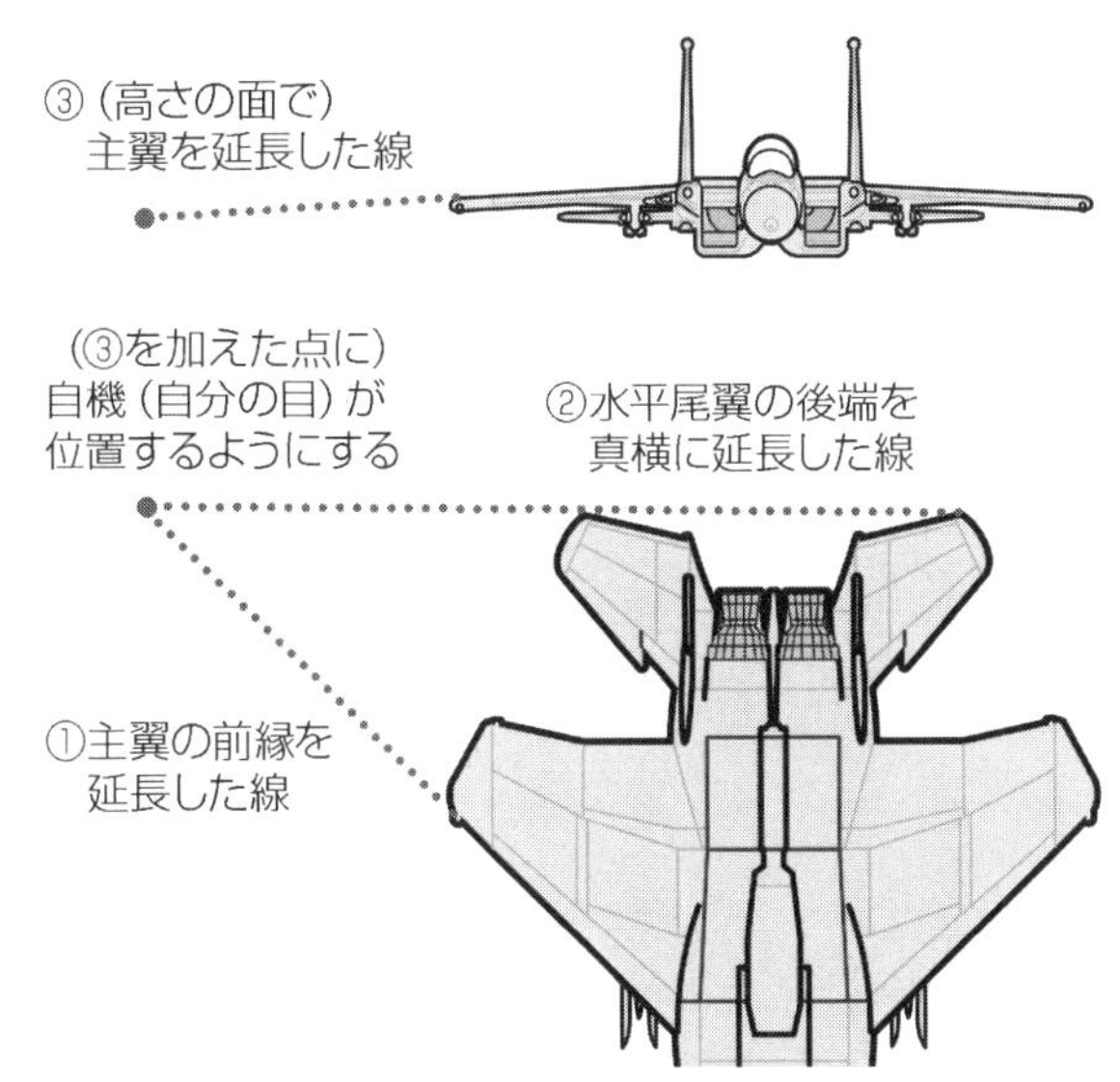

［図5-2］目視で対象機との位置関係・角度を測るための方法。例えば①②③の線が交差する点に、自機（自分の目）が来るようにすれば、通常編隊位置（ノーマルフォーメーション）につくことができる。

「角度が何度」という情報は実際に作図をし、パイロットが持つ知識として共有しています。例えば、対象機の主翼前縁の延長線上にいるときは、相手との角度は約40度と分かります。それらを覚えておいて、一度離れてから戻るときなどに使用します。

ちなみに、例として挙げた①の主翼前縁、②の水平尾翼の後端、③（高さの面で）主翼など、延長線を引くための対象機の部位を「参照点」と呼びます。

お話が少し脱線しましたが、ですから角度は目視で、距離はA/A TACANで測れば、正確な隊形がつくれるということです。

もちろん、決められた位置で飛ぶのには非常に高いテクニックがいります。しかも、他機との関係を保ったまま、短時間のうちに決められた地点に位置するというのはその機体の機動やエネルギー、速度をコントロールする必要があり、これも非常に高い技量が要求されます。

◆おそらくF-86FにはA/A TACANはなかった

T-4にはA/A TACANが付いていますが、当時のF-86Fブルーインパルスにはどうだったか。これは私の想像なのですが、A/A TACANは割と新しい機材なので、機体がTACANそのものを積んでいても、A/A TACANの機能がないTACANというケースも私が航空学生だった頃もありました。

おそらくF-86Fブルーインパルスはこの距離を測る機能なしに、目視で距離を測っていたのだと推測します。角度は目で分かっていたと思います。その辺の技術は当時も変わらないと思いますから。

先ほど、この正確な円を描く上で最も大事なことは、旋回に入る前の隊形を保持することと説明しました。(1)―(2)の間、(2)―(3)の間、(3)―(4)の間、(4)―(5)の間、あと(5)―(3)の間、(3)―(1)の間、(4)―(2)の間は、すべて同じ距離になりますが、でもこの距離というのを正確に保って進入することがたぶん難しかったのでは？　と推測されます。

そしてさらに、実際には航法の話（【第3話　なぜ横風で所要時間が長くなるのか――航法①（24頁）】参照）でお話ししたように風もありますので、その修正をしつつ、何時何分何秒という指定されたタイミングで、精密な隊形を維持することは、全部含めて非常に難しかったのではないのかなと思います。

航空自衛隊は本番に強いと言われます。実際、その名に恥じず、A/A TACANがなかったと思われるのに、きっちり本番では五輪のマークを描かれた先輩たちには大変敬服する思いでいっぱいです。

第6話　対領空侵犯措置では何を行なっているのか――スクランブル①

◆領空に入ってくる前に対処する

今回は、対領空侵犯措置という長い用語についてお話をしたいと思います。

私は航空自衛隊に在籍していた頃、一応戦闘機なんぞに乗っておりましたので、対領空侵犯措置というお仕事もさせていただきました。

今からお話しする内容は、防衛機密とかそういったものに該当する内容は含みませんが、現場で働いていた人間が、実際どんな人で、どんな感じで対応していたかということをちょっと見ていただければと思います。

そもそも、対領空侵犯措置とは何ぞやという話なんですが、要は「領空を侵犯する航空機に対する措置」ということです。でも実際は、その航空機が領空を侵犯しちゃってからでは遅いので、領空を侵犯しそうだなと思ったところでこの行動は始まります。

どんな感じかといいますと、日本というのは島国でして（南東の硫黄島など小さい島々もありますが、今回は細かい部分は省略します）、国土の周りは全部海です。ですので、（敵が）入ってこようと思えばどっからでも好きなように入れます。ただし海なので、どうしても船か飛行機という2択しかありません。歩いて行こうというわけにはいきません。

これが大陸にある国だと、国境が陸の上にあったりしますので、行こうと思えば歩いて渡ることもできる状態ですが、日本の場合は繰り返しますが完全に島国なので、言い換えれば他国から見れば侵略しづらい環境にあります。

ただ、国土が小さいので侵略されたら一瞬のうちに国土がやられてしまうので、どっちかというと、入ってくる前に水際で怪しいヤツは排除しましょうという考え方です。

◆領土の12海里周辺の上空が「領空」

そもそも対領空侵犯措置の領空っていうのは何かといいますと、領海の上です。その前に、それぞれの国には領土がまずあります。領土はまず土地です。日本なら日本、本州や北海道、沖縄という土地の上です。

海岸線で囲まれているところが、結局日本の領土になりますが、その外側に領海という概念があります。領海は一般的に、12海里（NM：ノーチカルマイル）です。1ノーチカルマイルは約1・8キロになりますので、倍して1割を引けばいいでしょう。大体22〜23キロです。当然、島がいっぱいあったら、それらの島の周り12海里は領海になります。

そして領空とはどのようなものかというと、先ほども言ったように、領海の上です。この領海に囲まれた上空が、全部領空になります。「主権が及ぶ」という言い方をしますが、日本のものなので基本的には日本の許可を得ない限りは勝手に入ったり出たりはできないという空間です。

ただ、空を飛んでいる者にしてみれば、簡単に入ってこられてしまいます。通過しようと思えば簡単に通過できてしまうのです。

また、「この上空」というのは、永遠に上空ですから、宇宙空間まではありませんが、ずっと上の方までになります。基本的には、飛行機が飛ぶような高度帯までは自分の領空となります。

ですので、領空に入ろうとする飛行機がいた場合、まず勝手に入るなと伝え、それでも入ってこようとするのであれば、警告したり、追っ払うというのが第一段階です。もし、それでも入ってきた場合には日本に強制着陸をさせるとかの措置を取ることになります。これはもう国際問題、外交レベルの話になってくるのですが、対領空侵犯措置とはそういったお仕事です。

要は、入るなと伝え、それでも入って来たら、日本に強制的に降ろしたりします。撃墜までするかどうかは分かりません。実際に撃墜まですると、もうある種の戦争ですから。なので、そんな簡単には判断できないのですけど、とりあえず平時（戦争ではない状態）における、ある意味、唯一の実戦任務になります。

外国の意図不明機が日本の領海方面に近づいてきたら、実戦的に日本から上がって追っ払いに行く任務が、航空自衛隊の対領空侵犯措置ということです。

◆侵犯機は情報収集や訓練のために飛来している

領空侵犯は実際どんぐらいあるんだよっていうと、多いです。平均化すると、1日1回以上あります。1年に365回以上、西の方の大きい国とか、西の方の小さな半島の国とかから飛行機がやってくるわけです。何のために来るのかは、実際には謎です。

推測でいろんなことが言われていますが、実際にその領空に近づいてくる航空機のパイロットをひっ捕まえて「お前、何しにきたんだ！」と尋問するわけにはいきませんし、そもそも聞いてもちゃんと教えてくれるはずもないです。ましてや、外交方面で聞いたとしても、そんな事実はないなどと言われるのが現実なので、実際何を意図しているかは断定できません。

一般的に推測される理由としては、まず一番大きいのは情報収集です。情報収集にもいろんなものがあるかと思いますが、例えばエリント、電子戦関係の情報を取りに来る場合です。いろんな電波や周波数を受信できる機材を飛行機に積んで日本の近くを飛び、どんな電波が飛び交っているのか、その中で防衛とか国防とかそういう通信内容はどんな周波数を使っているのか、さらにはどんなことを話しているのか、などの情報を収集しています。もちろん日本側も、秘匿といって簡単には解読されないようにしているので、互いに騙し合いっこみたいなことをしています。

場合によっては、もし実際に日本に攻め入った場合に、ある地点に航空自衛隊の戦闘機が何分ぐらいでやってくるかや、どこの所属の飛行機が来るか、どこの飛行場から上がってくるのか、何の飛行機が来るのか、などの情報を収集しています。あとは、航空自衛隊パイロットの練度についてです。上手なのか、下手なのかなど、そんな情報も得ようとしている可能性もあります。

あともう一つは、訓練です。考えられるシチュエーションとしては。極端なことを言えば、例えば日本の首都・東京を爆撃しに行く練習のために、ダーッと大挙してやってくる。そして一応撃つ練習だけして引き返すとか、要はそんなことが考えられます。

情報収集の場合なんかは、日本の周りをグルーっと回って帰っていくようなパターンが多いですが、離陸して東京に向かって真っすぐ来て、クルンと引き返して帰るといった飛び方をしてくる場合もあります。これは東京急行とか東京直行とかいう別名が付いていたりしますが、本当に東京を爆撃するために来ているんじゃないかと思われる飛び方です。明らかに情報収集とはちょっと違う飛び方になります。

◆フライトプランなどで確認が取れなければレーダーで監視

ここからは、では対領空侵犯措置がさらに具体的に何をやっているのかというお話です。

日本の周りにはＡＤＩＺ（Air Defense Identification Zone：防空識別圏）という、領空のさらに外側の空間があります［図6-1］。そこのラインを通過してくると、日本の防衛省のほうでこの飛行機はどこから来て、どこに行く飛行機なんだろうか？　エアラインの飛行機なのかな？　それともアラブの大富豪のプライベート機なのかな？　軍用機じゃないのかな？　というのを照合します。

どうやって照合をするかというと、フライトプランと呼ばれる届け出を、パイロットは必ず提出をします。どこから上がって、どこに行って、何時頃（日本の）ＡＤＩＺを通過するよ、というものです。ＡＤＩＺを通過する時間もちゃんと書く必要があります。その通過時間に合っていて、かつその航空機が付けている識別コードと照合して合っていれば、これは○○○国のエアラインだな。国際線の旅客機だな、と分かって放っておかれます。

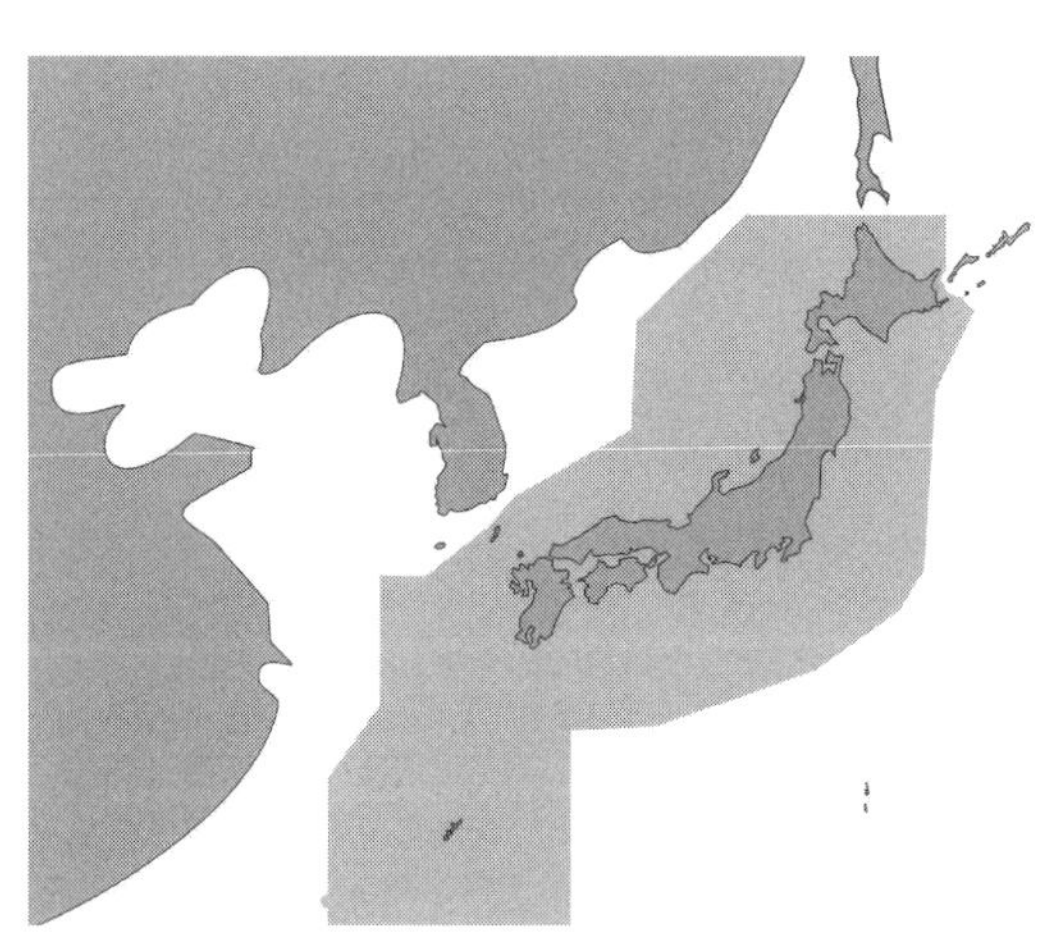

［図6-1］航空機の敵味方を識別して対領空侵犯措置を行なうために、防衛省が設定している日本のＡＤＩＺ（防空識別圏）（イラスト：Tosaka）。

しかしフライトプランが例えば提出されてなかったり、ＡＤＩＺに入るか入らないかも書かれていなかったり、そもそも何の飛行機かよく分からなかったり、識別符号が出ていなかったりすると、これは何だ!?　という話になります。

そうなるとレーダーでずっと監視しておきます。監視していって、このままの方位と速度で飛んでくると領空に近づくなと思った段階で、スクランブルが発令されます。

◆「通告」「警告」「誘導」「警告射撃」を行なう

スクランブルとは何かというと、戦闘機の緊急発進です。卵を掻きまわすスクランブルエッグみたいに慌ただしいので、スクランブルと言われています。訳の分からない飛行機がやって来たら、（日本側も）戦闘機を上げます。基本２機です。２機で上がって行って、目視で相手の飛行機がなんなのか、どっちに向かっているのか、高度はどれくらいか、場合によってはその機体の特徴とかそういったものを無線で報告しながら、その飛行機の横につきます。

相手の飛行機の左前方、真横よりちょっと前ぐらいの位置です。なぜここかというと、飛行機は左側が機長席です。だから機長から見やすい方向につくわけです。ここについた段階で、まずは「通告」という段階に入ります。「あなたは今、日本の領空に近づいていますよ。このまま飛んだら日本の領空に入りますから針路を（例えば）西に変針してくださ

い」などと無線で伝えます。この場合、無線は共通周波数という、どの飛行機も基本的に聞いている周波数があります。それで通告をします。このとき、地上のレーダーサイト（防空警戒用のレーダー基地）の方から通告をする場合もあります。

通告したけど全然言うことを聞かないとなると、今度は「警告」になります。もしくはもう領空に入っちゃったという場合には、通告から警告にちょっとランクが上がり、言い方もキツクなります。

それでも引き返してくれない場合については、「誘導」をして、いろいろ取り調べをするために日本に強制着陸させます。無論、それに従うか従わないかは、向こうの意思なんでどうしようもないのですけど、強制着陸をさせる場合はさらに前方に出て行って、俺に付いて来いという決められた機体信号を出します。

例えば機体をバタバタさせて、その後スッとある方向に方位を変えたりすることです。これは「こっちの方向に付いて来い」という国際的に決まった機体信号になります。それに基づいて当該機を彼我不明機（アンノウン）と呼びます。当該機を日本まで誘導して最終的に着陸させるために、言うことを聞かない場合には「警告射撃」をしたりもします。

◆1機が警告し、もう1機は後方で監視する

警告射撃というのは、別に相手に向けて撃つのではなくて、相手の見えるところで射撃をすることです。要は気づけよっていうことです。曳光弾（えいこうだん）という光の線が出る弾を撃って気づかせて、最終的に連行するためです。

スクランブル時は常に2機で任務に当たるのですけど、このときもう1機は当該機の後ろにつきます。後ろの人が何をしているかというと、一人が通告や警告をしつつ、写真を撮影したりする間、その状況を後ろでずーっと監視しています。通告などを行なうのが編隊長で、リーダーです。この後方で監視するほうがウイングマンと呼ばれる後輩・部下になります。

そういう隊形をとる理由は、何かあったときにすぐミサイルなり、機関銃なりを撃てるようにしておくためです。常に後ろの人は、当該機に対して有利なポジションをとっています。警告などを行なうほうの人は、ある意味、当該機の前方に出ますので、相手に対して非常に不利な位置にいることになります。大体、飛行機の機銃は前向きに付いていますし、ミサイルも前に飛びますので、相手の前に出るということは非常に不利なのです。

ですので、もう一人は必ず有利な位置を維持しつつ、全般を監視しながら飛んでいくわけです。

この場合、相手の飛行機の速度に合わせてずっと飛んでいきます。当該機との距離は、目視で乗員が見えるぐらいの距離です。この距離を言っていいのかどうかよく分からないので、ちょっと伏せさせていただきますけど、500〜700メートルぐらい、場合によってはもっと近づくこともあります。距離は状況によって使い分けますね。

◆1番機が撃ち落とされたらどうするか？

私が初めてアラート（対領空侵犯措置の待機任務）についたのは、私がウイングマンと呼ばれる立場で、大先輩と一緒でした。スクランブル任務の待機についたときに、こういったときはこうするんだぞ、こういうときはああするんだぞという感じで、先輩にブリーフィングを受けます。

その中で印象に残ったのは、「もし、いろいろやっているときに、もし俺が撃ち落とされたら、お前は逃げろ」と言われたのが、何よりも印象に残っています。

普通、マンガでも小説でもそうなのですが、味方が撃ち落

とされて、圧倒的に有利な位置に自分がいたら（味方を撃った当該機を）撃とうとしますよね。ただこのときは、どうしてですかと私も聞かなかったので、その先輩の意図は分からないのですけど、もし先輩が撃ち落とされたからと、私が当該機を撃った場合、これは非常に大きな外交問題になります。下手すれば戦争になります。

たぶん撃てば、間違いなく当たります。間違いなく落とせます。しかし、右のホッペを引っぱたかれたからといって、相手のホッペも引っぱたき返すみたいな思考じゃダメだってことだと思います。

こういった対領空侵犯措置に付いている戦闘機のパイロットは基本的に幹部（士官）になりますが、ある種の外交官に近いような部分もあります。自分の発言や行動がそのまま日本の発言や行動になってしまいますので、軽はずみなことはできません。

もし本当に長機が撃ち落とされちゃったら、私は帰れって言われましたが、場合によっては地上に聞くことになります。パイロット個人の判断でできる部分はあまりありません。

例えば1番機が撃ち落とされたとなったら、もちろん防衛省だけではなく総理大臣にまで報告が行って、地上で喧々囂々（けんけんごうごう）の騒ぎになると思います。対領空侵犯措置に上がった1番機が相手に落とされて、相手はまだどんどん日本に近づいている。で、僚機の2番機だけがいるけど、どうするんだ！　という状態になると思うんですね。

こうなったらもう総理大臣の選択になると思うんですけど、たぶん日本はやられたらやり返せ、撃ち落とせという話にはすぐにはならないと私は個人的には思っています。

2番機には帰還させて、また次の編隊を上げる。今度は撃ち落とされないように気を付けながら、相変わらず監視をする。もし当該機の国が分かっているのであれば、国の偉い人同士のホットラインで「今こういうことが起きたんだ、何を考えているんだ、引き返させろ！」とか、「今回の件については、また後で見解を教えてくれ」とかそんな話になっていくのではないでしょうか。

◆スクランブルの主任務はやはり対領空侵犯措置

ですから先ほども言ったように、対領空侵犯措置は、正体や目的のよく分からない飛行機を相手に行なう、平時における唯一の実戦任務となります。

スクランブル発進自体は、例えば大地震が発生した場合に最初の状況監視を行なうために上がったりすることもあります。それこそもう３６５日24時間ずっと待機に付いていますので、上がれって言われたら本当に5分以内にボーンと上がれます。ですので、いろんな状況に使えるといえば使えますが、やっぱり主任務は対領空侵犯措置です。

個人的な記憶としては、やっぱり最初に上がったときは非常に緊張しましたね。手に変な汗をじっとりかいた記憶がありますが、もう上がってしまったら、いつもやっている訓練の通りに淡々と任務を行なうという感じでした。ひとたび地面を蹴ってしまうと、えらい落ち着いていられたなというのが今でも印象に残っています。

みなさんの見えない遥か遠くの空の上で行なわれていることなので、いまいちピンと来ないとは思いますが、１日１回以上、年間を通すと４００回、５００回、最近は６００回もあるんでしょうか。非常に多くなっている、活発化しているという現実はあります。

今も日本のどこかの空でこういった対処が行なわれているんだなということをみなさんに知っておいてもらえれば、ありがたいかなと思います。

第7話　ミサイルを撃たれたら逃げられるのか――空対空ミサイル

◆誘導技術には大きく2種類がある

今回は空対空ミサイルのお話です。

要は空を飛んでいるモノから、空を飛んでいるモノに当てるためのミサイルです。ですので、地上から空を飛んでいるモノを落とすようなミサイルは地対空ミサイルといいます。地面から撃って船に当てるようなミサイルは地対艦ミサイルです。ちなみに空から海（船）への場合は空対艦です。この辺の使い分けは、要は撃つ人と当てられる人の関係が分かるような書き方になっています。

まずは、難しい話をしてもしょうがないので、空対空ミサイルにはこんな種類があるよというお話をします。

一つはセミアクティブ・レーダー誘導（ホーミング）とアクティブ・レーダー誘導という2つのミサイルがあります［図7-1］。この違いは何かというと、ミサイルの誘導方法です。

飛行機がある相手に向かってミサイルを撃つ場合、そのミサイル自身が相手に当たるまで誘導されないといけません。当然、相手の飛行機は高速で動いていますからね。

相手の飛行機がずーっと一定のレートで動いて、将来位置が分かっていれば、つまり速度も方向もまったく変えずに飛んでいれば、撃つ側は、予測位置に対して撃てば絶対に当たります。

でも現実には、相手がずっと同じの飛行を続けるってことはあり得ません。場合によっては撃たれたことを認識することもあるし、こちらの飛行機が見えたら逃げるかもしれないですから。撃ったミサイルが逃げる相手を追いかけてくれないと、仕事をしていないということになります。

なので、必ず撃つ前から始まって、撃った後も、ミサイルは相手の飛行機に対して機動飛行を行なってずっと追いかけ続けなければならないのです（厳密には相手の飛行機の将来位置を計算してそこへ飛翔する）。この追いかけるための技術のことを誘導技術といいますが、この誘導方法は2つあります。

◆母機がレーダー照射を行なう「セミアクティブ誘導」

まずセミアクティブ・レーダー誘導とは、発射母機がレーダー照射を行ない、ミサイルはその反射波を受け取って誘導されるというタイプです。

発射する機体と、目標側の機体がいるとします。目標機に対してミサイルが飛んでいくのですけど、まず、発射する機体が目標機をレーダーでロックオンします。すると相手の諸元情報、つまり高度や方向、速度などが出てきます。そういう情報をミサイルにデータとして送ってインプットします。

インプットした後に撃ちます。撃った後は、基本的に撃った側の母機とミサイルは切り離されている状態になりますので、（目標機の位置などの）情報が得られません。そこでどうするかというと、セミアクティブの場合は、母機から発射しているレーダーの電波（RDR）の反射波を、ミサイルがそのまま受け取ります。

言い換えれば、ミサイルが目標機に当たるまでの間、発射母機がずっと目標機をレーダーでロックオンしておかないと、基本的には当たらないことになります。

なぜなら、ミサイルそのものにはレーダーを発射する機材が付いておらず、反射波を受け取るためのアンテナしか付いていないからです。ですので、電波の大元は母機から出してくれてないと困るのです。こういう方式の誘導技術をセミアクティブといいます。

この、撃った後もミサイルが当たるまでの間、ずっと電波を目標機に射出し続けなければいけないという誘導方式は、ある意味欠点です。なぜなら、飛行機のレーダーは前方にしか照射できないので、母機はどんどんと目的機に近づいていくことになるからです。

この状況では、目的機も撃ってくるかもしれません。向こうも近づいてくるので、わざわざ相手の射程内に入るような形になるかもしれないのです。でも一時期は、この方式が主流でした。

セミアクティブ・レーダー誘導は時代遅れの誘導方式となりつつありますが、一方でメリットもあります。

レーダー誘導

セミアクティブ・レーダー誘導

①母機が目標機をロックオンして情報を入手し、ミサイルにインプットする
②ミサイルを発射

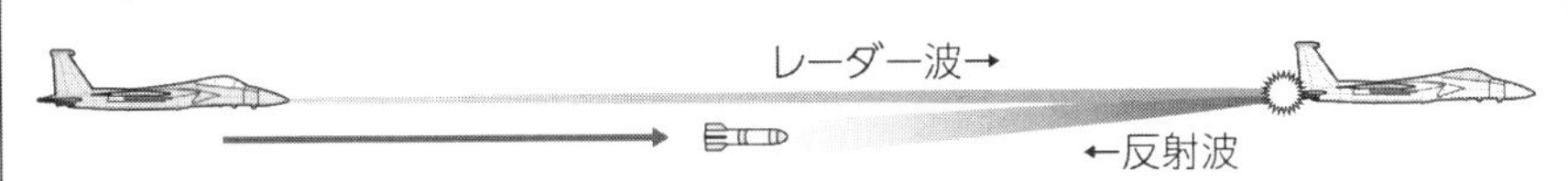

③ミサイルは母機から照射されたレーダー波の反射波を頼りに飛ぶ
(ミサイルが目標機に当たるまで、母機はずっとロックオンしておく必要がある)

アクティブ・レーダー誘導

①母機が目標機をロックオンして情報を入手し、ミサイルにインプットする
②ミサイルを発射

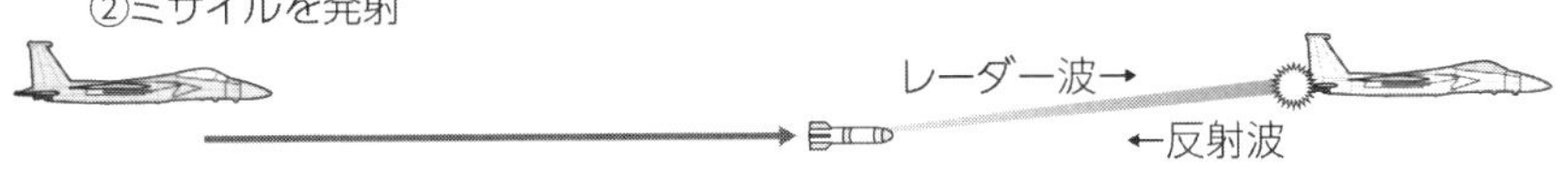

③ミサイルは自分が照射するレーダー波の反射を受けて飛ぶ
(母機はミサイル発射後、ロックオンを外すことができる)

赤外線誘導

①母機が目標機が発する熱を捉えてロックオンする
②入手した情報をミサイルにインプットする
③ミサイルを発射

熱源

④目標機のエンジンノズルなどの熱源を目がけて飛ぶ
(母機はミサイル発射後、ロックオンを外すことができる)

［図7-1］３種類の誘導方式。中距離空対空ミサイルはアクティブ・レーダー誘導方式が標準になりつつあるが、ミサイルに搭載されたレーダーの能力は母機のものより低いので、セミアクティブ・レーダー誘導方式よりも敵機を見失う可能性が高くなるなどの弱点もある。

一つは母機からのレーダーは強力なので、相手が回避機動してもロックが外れにくいのです。またミサイル自身はレーダーの送信装置が不要で、(母機から照射されたレーダーの反射波を) 受信する装置のみ備えていればよいので、(ミサイルを) 小型化しやすく、軽量で運動性を高くすることができます。

◆レーダー自身がレーサー照射を行なう「アクティブ誘導」

セミアクティブ・レーダー誘導に対して、より新しい方式がアクティブ・レーダー誘導です。今はもうほとんどこれです。

先ほど同様、発射母機と、狙われる目標機、ミサイルがあるとします。発射するまでに一度ロックオンをして、そのターゲット情報をミサイルに送るところまではセミアクティブ・レーダー誘導と一緒です。

違うのは撃った直後からです。撃つと母機とミサイルは離れます。そしたらなんと、母機はロックオンを外しても構いません。なぜなら、この後はミサイル自身が電波を出してその反射波を受け取り、自分自身で目的機を追いかけ続けるからです。

なので、この間に撃った側の母機は安全な方向へ帰ることができます。帰るというか離脱ですね。通称、「撃ちっぱなしミサイル」と呼ばれます。この方式がアクティブ・レーダー誘導です。

この違いは大きいです。とりあえずロックオンして撃っちゃったら離脱していいわけで、必要以上に相手に近づく必要がない。相手のミサイルの射程に入る前に撃てれば、勝ちです。少なくとも負けることはありません。

当たったかどうかを判定するのも重要なのですが、その辺は早期警戒管制機（AWACS）や早期警戒機（AEW）などのもっと広く・大きい空間を見ることができるレーダーが確認してくれます。

現在の空対空ミサイルの主流となっていますが、セミアクティブ・レーダー誘導に劣る部分もあることはあります。それは先述したことの裏返しですが、遠方から発射させるためには、ミサイル自身にも強力なレーダー照射能力が必要となり、搭載する電子機器類も増加して、どうしてもレーダーそのものの直径が大きくなってしまいます。ミサイルが大きいと当然、空気抵抗は増加して運動性が悪くなってしまうのです。

以上が、大きく分けて2種類のレーダーミサイルです。

◆目標機の熱源を追う「ＩＲ（赤外線）誘導」

レーダーミサイルの他に、もう一つ、ＩＲミサイルというものがあります［図7-1］。ＩＲとはインフラレッド(InfraRed)、要は赤外線です。巷では赤外線ミサイルと呼ばれるものですが、これはどういうものでしょうか。

相手の飛行機が、ゴーッとジェットエンジンで熱を出しながら飛んでいますので、この熱源を追いかけるミサイルです。

熱源を追いかけるんだったら、このジェット噴射のところへ行っちゃうんじゃないかと思われたかもしれません。はい、ジェット噴射か、エンジンのノズル付近が最も温度が高い場所だと思いますので、その辺を目がけて飛んでいきます。

これも、どっちかというと「撃ちっぱなしミサイル」です。最初に撃つときはやはり母機が赤外線を探知するセンサーでロックオンし、相手データをミサイルに伝え、撃つ、その後はミサイルが自分で目標機を追いかける、という仕組みです。

ある意味、アクティブ・レーダー誘導のレーダーミサイルと一緒じゃないかと思われるかもしれません。ただ、このミサイルが追いかけているのは熱源なので、あまりにも遠く離れてしまうと、その熱源が見えなくなってしまいます。ですので、相手との距離が比較的近い場合に利用されるミサイルです。

◆誘導ミサイルにも限界がある

レーダー誘導ミサイル（アクティブ誘導やセミアクティブ誘導）も赤外線誘導も、レーダー反射を受信するアンテナや赤外線を感知するセンサーをミサイル最前方に持っています。ミサイルは前方に飛翔するので当然なのですが、言い換えると、目標が機動を行なって正面方向からずれた場合に、受信や感知が外れてしまうと困ります。

そのため、これらのミサイルの「目」にあたる部分には、ジンバルと呼ばれる、自由に動く雲台（うんだい）のような機器が装着されています。これによって比較的広範囲に敵機を追うことができるのですが、無限ではありません。ジンバル・リミットと呼ばれる、１２０度とか１８０度といった制限角度があります。

また、高速で飛行する戦闘機に当てるわけですから、ミサイル自身が推力を持つことは必須です。このため、推進薬と呼ばれる火薬がミサイル後方には積まれており、これを燃焼させて飛行しています。

小さな翼によって飛行方向を制御していますが、やはり航空機と同じく、旋回時にはG（遠心力）がかかります。戦闘機に当てるためには（戦闘機よりも）小さく旋回する必要があり、その最大Gは12Gとも15G以上といわれています。

◆ミサイルを撃たれた場合、どうするか

これまでは撃つ側の立場でお話をしましたが、今度は撃たれる側の立場のお話です。撃たれる側はミサイルが当たると困るので、対策をとります。

まず、何よりも大切なのは、どんな誘導方式のミサイルが来ているのかを把握することです。しかし意外とこれは困難を極めますが、発射母機からのミサイル発射の脅威を感知できたならば、そのときの相対距離からある程度は判別が可能です。

ただこれも、遠ければまずレーダーですが、近い場合はレーダーも赤外線も利用可能なので、判別することは極めて困難となります。

《レーダー誘導ミサイルへの対策》

レーダー誘導の場合、まずはアクティブ誘導だろうが、セミアクティブ誘導だろうが原則は同じで、レーダー照射を受けないことが大事です。

簡単にいうと、ロックオンされている状態を外すことなのですが、レーダーの原則から次のような方法が考えられます。

・相手機よりも高度を下げる……レーダーミサイルの場合は地上反射波を受けますので、誤ロックオンされる可能性が高くなります。
・相手機に対して**90**度方向で飛行する……ビーム機動といいますが、地上反射波に紛れ込もうとする方法です。
・チャフなどで欺瞞する……（後述）
・急激に高度を変更する……母機レーダーやミサイルのジンバルの範囲から逃れてしまおうとする方法ですが、

距離がある場合はムダに終わる可能性があります。

・ステルス性を高める……電波の反射を抑える外板や塗料、機体の形状も効果があります（【第20話　Ｘ-２で学ぶステルスの科学――ステルス性（161頁）】参照）。

《赤外線誘導ミサイルへの対策》

発生する熱源を追尾してきますので、原則としては熱源を最小限にすることになります。

・エンジン推力を絞る……熱源のほとんどはエンジンの燃焼ですから、推力を絞ればかなり熱源は小さくなります。ただし、自機のエネルギーも失います。

・フレアの欺瞞を使用する……（後述）

・太陽に向かって飛行する……こう言われる方がいますが、現在のシーカーの識別能力はすさまじく、太陽とエンジンの熱源スペクトルの識別は十分に可能ですのでおそらく効果はありません。

・ステルス性を高める……排気温度を下げたり、外側から排気ノズルが直接見えないようにしたりします（【第20話　Ｘ-２で学ぶステルスの科学――ステルス性（161頁）】参照）。

《ミサイル共通の対策》

ミサイルを撃たれてしまった場合の対策です。相反するものがありますが、あえて列挙してみます。

・相手より、高い高度を飛行する……これによりミサイルは上昇を余儀なくされますので、ミサイルの飛翔距離を短くすることができます。

・相手と反対方向に飛行する……まさかと思うかもしれませんが、相手の発射距離が射程ギリギリの場合は、これで回避できます。

・山などの遮蔽物を利用する……高度が低い場合は利用できる可能性があります。

といった選択肢があり、ミサイルの種類や自機の飛行高度なども総合的に考慮して選ぶことが大切になってきます。

◆アルミ箔をばらまいてレーダーを欺瞞する「チャフ」

ミサイルを撃たれた側の対策として、先ほど挙げた「ミサイルを欺瞞する」という方法についてお話をします。

具体的には、レーダーミサイルに対しては、一般的にチャフが使われます。赤外線ミサイルには、チャフやフレア以外にもいろいろあります。

このチャフというのは、アルミ箔です。みなさんが台所で使っているアルミ箔に限りなく似ています。

電波（レーダー）はグラフに描くと、波を打っています。その波が上がって下がる一つ分を、1波長といいます。この波と同じ長さか、もしくはその半分か、もしくは4分の1、要は波長の半分の長さの倍数で綺麗に割り切れる長さの細いアルミ箔を、空間にブワッとばら撒きます［図7-2］。

このように割り切れる長さに調整することで、レーダーの電波をより強く反射してくれるようになります。それによって今まで自機をロックオンしていた電波が、そのばら撒いたチャフのほうへ向かってくれれば、ミサイルもそこに行ってくれる、という考え方です。

通常、レーダーは一つの周波数だけでなく、複数の周波数を使い分けています。そのため、チャフはいろいろな長さ（周波数）のものが用意されています。基本はいくつかの長さのものを混ぜて使用しますが、相手（対象機）によって使い分けていると考えてよいと思います。

チャフの長さは当然、特定防衛機密扱いですが、自衛隊は日頃の訓練やレーダーサイトなどの情報収集活動によって、対象機のレーダーに関する詳細情報を収集しようと日々努めています。

他には、場合によってはＥＣＭ（Electronic Counter Measures）という欺瞞の方法もあります。要は電子戦ですね。

ミサイルは、照射した電波が跳ね返ってきた反射波を受けて目標機の位置を知ります。そこで嘘っぱちの反射波をわざと自分から出せば、ミサイルの誤った情報を元に進むことになり、当たらないという状況をつくり出せるのです。

［図7-2］チャフ（写真左の塵のような部分）とフレア（火の玉状のもの）の発射テストを行なっている米海軍のＨＨ-60Ｈシーホーク。

◆熱源をつくり出して赤外線ミサイルを欺瞞する「フレア」

赤外線ミサイルを欺瞞するためのフレアがどういうものかを簡単にいうと、花火です。赤外線ミサイルは目標機のエンジンの熱源（赤外線）を追いかけるわけですから、エンジンの熱と同じ温度ぐらいの火花を、機体からポンと放り投げてあげます［図7-2］。1個ではなく、5、6個をバラバラとばら撒きます。

するとミサイルは「あれ？　熱源が2個ある??」となります。2個だと50パーセントの確率で機体のほうへ向かってくる可能性もありますが、フレアをばら撒くと同時にパイロットはエンジンの推力をスッと絞ります。

すると熱源としては小さくなりますから、フレアのほうが熱源は大きくなります。そしてミサイルはフレアのほうに向かう、というような仕組みです。

要は撃つ側も撃たれる側も、撃った、撃たれただけじゃなくて、さらに騙し合いみたいなものが行なわれているということです。なので、空対空誘導ミサイルを撃てば必ず当たるというイメージを持たれているかもしれませんが、実際問題はどうなんでしょうか。

でも今のミサイルは、できる限り命中精度を高めるため、当たる直前の最後の段階である終末誘導段階になると、より当たりやすくするためにいろいろな工夫が施されています。

例えば目標を映像化して、映像としてロックオンする方法もあり、チャフやフレアなどに欺瞞されることはなくなります。この誘導方式は主に空対艦ミサイルなどに使われています。

あとは空対地ミサイルだったら、地上にいる味方部隊に目標物をレーザー照射してもらいます。レーザー光の反射光であれば、何の疑問もなく、まず間違いなくその照射された目標物に当たることになります。つまり、レーダーや赤外線だけでなく、他の技術が組み合わさって、より正確に当たる誘導ミサイルも開発されています。

◆直撃ではなく、付近で爆発して機体を損傷させる

ある意味、その命中精度を高める技術の一つに数えられるものとして、フラグメントというものがあります。みなさんは、空対空ミサイルというものは目標機に直撃させる兵器だというイメージを持っていないでしょうか？

しかし実際、ミサイルが目標機を直撃するということは非常に少ないです。私自身も実機に対してミサイルを撃つ訓練に出たことがあるんですが、直撃というのは意外に少ないのです。

では、どういう状態が多いかというと、目標機の近くで爆発するパターンです。ミサイルが、目標機の近くを通過、もしくは目標機の前方で爆発することです。

この考え方は、例えば先ほどの赤外線ミサイルのような短距離ミサイルを撃つ場合に効果的です。

目標機の熱源は、時間と共に移動していきます。ミサイルは熱源を追うのですが、目標機とミサイル自身の距離がある一定レベルまで近くなってくると（リードといいます）、それまで熱源を追っていた部分からさらに前方に方向を変え、目標機の将来位置付近で爆発するようにつくられていたりします。

つまり直撃で目標機をぶっ壊すのではなく、爆発したところに目標機が突っ込んできて、機体を損傷させることを狙うという考え方です。

◆より効果的に目標機を損傷させる仕組み

また別のタイプとしては、レーダーミサイルに多いのですが、飛んでいる相手に限りなく近くまでやってきたところで弾頭が爆発します。目標機に当たる前に爆発するということです。

要はある一定の距離まで近づいたときに、弾頭を爆破させて、破片（フラグメント）を飛び散らせます。

そのため、ミサイルも、例えば長い鉄板に切れ込みを交互に入れておいて、クルンと丸めて筒状にして真ん中に火薬を入れておきます［図7-3］。そうすると爆発したときに、少し繋がっているので輪っか状に広がっていきます。この輪っか状に広がっている段階で、目標機を叩き切るわけです。こういうタイプの弾頭もあります。

この輪っか状で目標機を叩き切るために一番有効なのは、目標機の側面に来たときにバーンと爆発することです。

最近のミサイルの構造は、先頭部分にレーダー、次に電子機器があって、次に弾頭があります。さらに後ろ半分には推進用の火薬がありますが、弾頭と火薬の間に帯状にアンテナが付いていたりします。

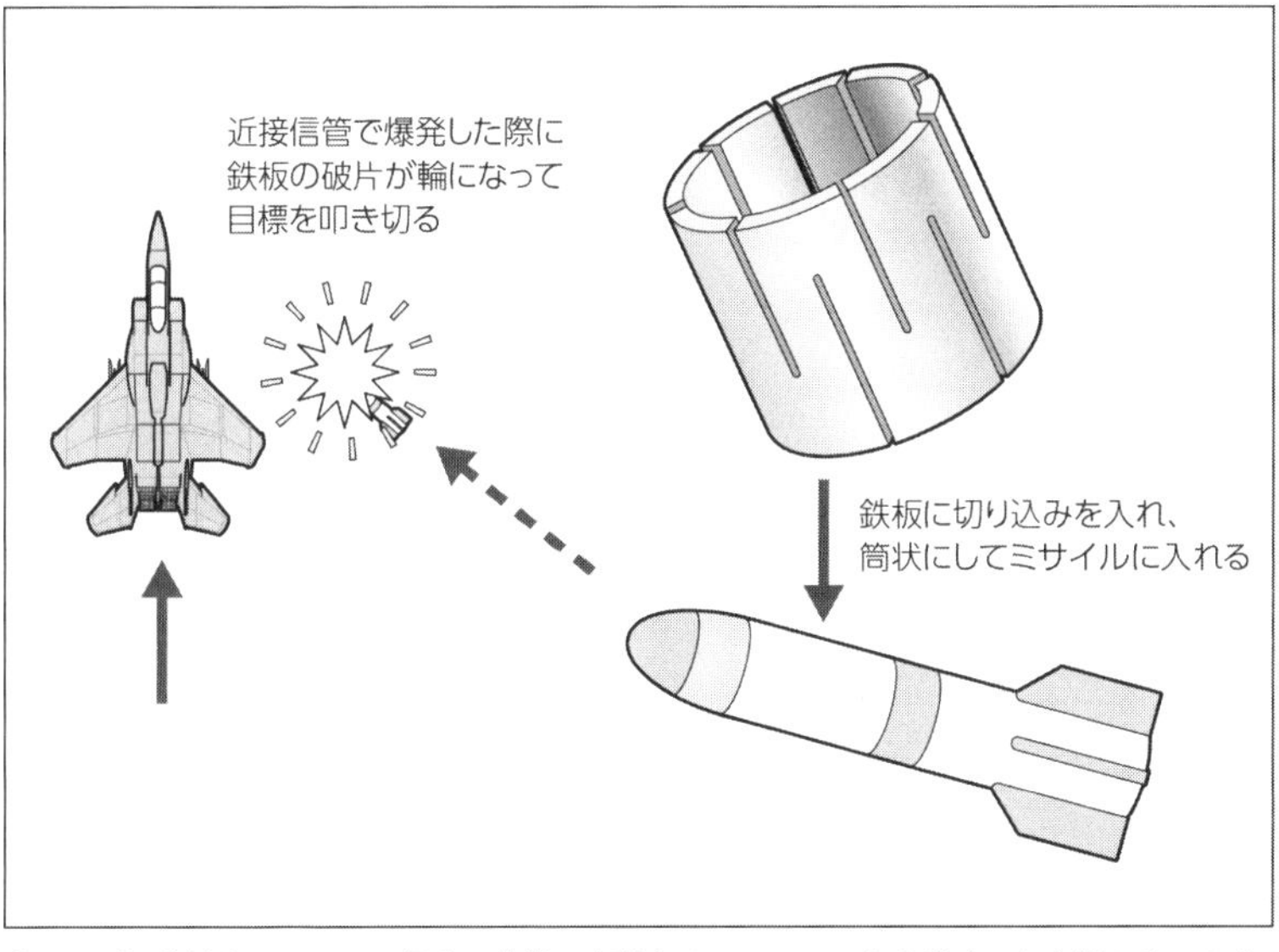

［図7-3］空対空ミサイルの場合、敵機に直撃させてパイロットを殺すことを狙うというより、破片を広範囲にばらまくことで敵機を損傷させる確率を高めて、（敵機に）作戦を続行できなくさせることを優先する傾向がある。

今はもう本当にいろんなものが複合的に使われています。なので直撃を免れても、近くを通られたら爆発されてしまうので、撃たれる側としてはなんとか必死こいて逃げるしかないわけです。ミサイルが飛ぶ一定範囲内に、自分が入らないように離脱するしかないという感じです。

この考え方を見て分かるように、武器は人を殺すものではあるのですが、乗っている機体や乗っている機材そのものに損傷を与えてそれ以上使えなくすれば、それで戦力は削ぐことができるという考え方なのです。

◆結局、ミサイルは回避できるのか？

大変申し訳ないとは思うのですが、自分自身がミサイル・エキスパート課程を修了して感じることをそのまま書くと、「（ミサイルの回避は）やってみないと分からない」です。ミサイルの技術はどんどん進歩しており、ここまで説明した対策は克服されているかもしれません。

本当に本音で言ってしまうと、「撃たれたしまったミサイルを回避するのは無理かな……」です。ゲームでは回避できるかもしれませんが、実機はかなり異なります。例えば敵機からのレーダー照射を探知してくれるＲＷＲ（Radar

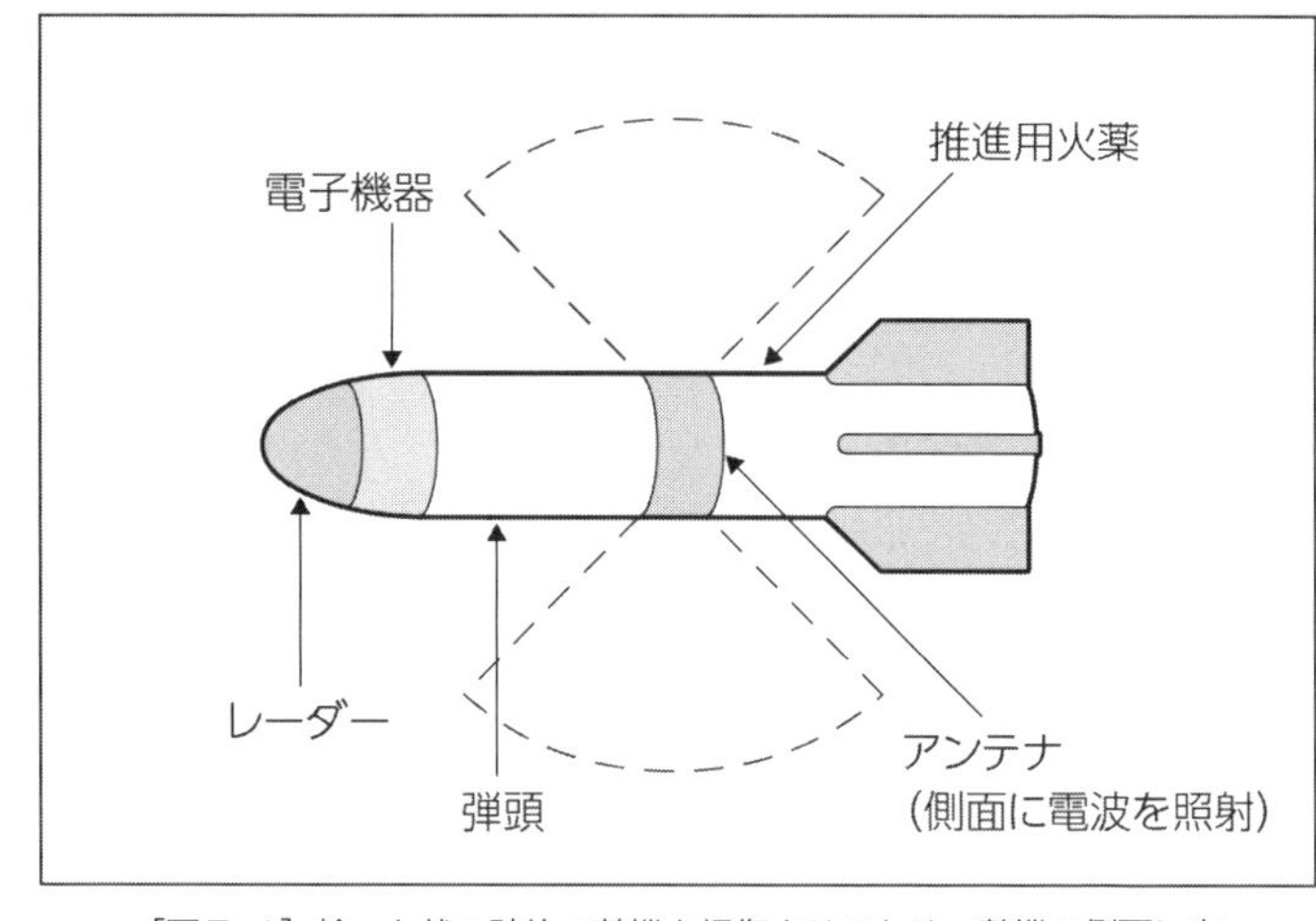

［図7-4］輪っか状の破片で敵機を損傷させるため、敵機の側面に来たときに信管が作動するように、あえてミサイル側面方向にアンテナが効くようにした空対空ミサイルもある。

このアンテナは横方向に電波を照射して、一定の帯状の範囲内に目標機が来たときに、弾頭がボーンと爆発するように設定されているタイプのミサイルもあります［図7-4］。

Warning Receiver：レーダー警戒装置）は、常に完璧な警報を出すかというとそうではありません。極端な話、飛んでくるミサイルを〝目視〟したほうが早いかも……とさえ思います。

なので、現在のミサイルを使用した空中戦のベースは以下のように考えられています。

「まず、撃たれないこと。または、撃てない状況をつくり出すこと」

一度、発射母機から放たれたミサイルは、音速の３～４倍の速度で飛翔してきます。時速３５００キロ以上の速度で飛行する物体から逃れるのは、簡単なことではありません。操縦テクニックよりも、戦闘に至るまでの戦略にすべてがかかっていると思っています。

この結論は、ちょっと内容的には、「つまらない」かもしれません。

でも、それほどミサイル技術は進歩しており、「撃たれたら終わり」と思ってよいレベルなのです。

「操縦でなんとかなるのか？」

この疑問は最後まで私にとっての課題でもありますね。

第8話　音速を超えるとき機体はガタガタ震える？——超音速飛行中のコクピット

◆時速1224キロよりも速いのが超音速飛行

今回は超音速飛行についてお話をさせていただきます。

みなさんは、超音速とはどういった状態なのか、想像がつきますでしょうか。たぶん、一般的な日常では、まず経験することがないであろうスピードです。

まず音速とは、これはもう、書いている通り音の速度です。音の速度はどれぐらいかというと、大体ですが秒速340メートル、1秒間に約340メートル進むと言われています（音速は大気によって速度が変わります。上記は「標準速度」の場合です）。

運動会の100メートル競争などで、「ヨーイ、ドン」とスターターピストルを撃つのを遠くから見ていると、煙がパッと見えるタイミングと、パーンという音が聞こえるタイミングが少しずれる現象を見たことはありますでしょうか。

もしくは、もっと分かりやすい例だと、ヒュー、バーンと上がる花火がありますよね。花火もパーンと開いたを見て、ドーンって音が聞こえてくるまでに、少し1、2秒のラグがあります。

この現象がなぜ生じるかというと、花火のパーンとはじける映像が目に入ってくるのは光のスピードなのです。平たくいうと光速です。これに対して音は、ドーンという音は音のスピードで届きます。音のスピードは光のスピードより遥かに遅いので、映像は見えたけど、音は遅れて聞こえてくるということです。

ちなみに光の速さはどれくらいかというと、おおよそ1秒間に地球7周半ぐらいできるらしいです。ニアリーイコールで、電気のスピードと一緒らしいです。

それに比べて音は非常に遅いスピードですが、超音速飛行というのは、その音のスピードを超えましょうというフライトです。

実際にはどれくらいの速さになるんだよという話だと、秒速３４０メートルですから時速にするには３６００秒を掛ければいいです。３４０×３６００＝時速１２２万４０００メートルになりますので、メートルをキロに変えるために１０００で割ると、時速１２２４キロになります。新幹線が時速３４０～３５０キロくらいなので、その３～４倍ぐらいのスピードだということです。

もうちょっと、あんまり想像がつかないかもしれません。ある人が手をパーンと叩くとしましょう。その音がみなさんの耳に届くまでの間に、ここにいた飛行機がそちらまで到達するということです。音とほぼ同時なのが、マッハ１・０になります。

さらにマッハ１・０を超えると、パーンという音がして、その音が聞こえたときには、その飛行機はもう通り過ぎているという状態がマッハ１・０以上になります。

◆超音速飛行時、コクピット内は静寂に包まれる

大体みなさんが気になるのは、客観的に見ている場合の話なのですけど、（超音速で飛ぶ機体に）乗っている人からはどう感じられると思われますか？　乗っていた人間として言わせていただきますと、よく分かりません（笑）。

自分の乗っている飛行機が出している音は、パイロットの耳に入ってきません。

仮に自分がコクピットの中で音をいっぱい周りに発生させても、音速で飛んでいる状態では、自分の発生させた音は後ろにあるのです。発生した音が自分の耳に届く前に、自分はもう先にいるということです。ですから、自分が発生させた音は自分には聞こえない状態なのです。

なので、よく分かりませんと先ほどチラッと言いましたが、コクピットに座って思うことは、まず非常に静かだということです。自機がゴーッと出しているジェットエンジンの音や、アフターバーナーのバリバリという音が自分には聞こえないので、非常に静かです。

ただ機体やコクピットのフレームから通じて伝わってくる振動音とか、機材の発生する音、例えば空調のファンだとか、そういった音は普通に聞こえます。ただし、コクピットから一歩出た外側の音、外で発生している音は自分には聞こえないのです。なので、繰り返しますが、音速飛行しているときは非常に静かです。

この現象はマッハ１・０を境に起きます。それまでは音の

聞こえ方はどういう状態かというと、次のような感じです［図8-1］。

まず、低速飛行時は機体の外の音も聞こえます。それが、だんだんとマッハ1・0近くなってくると、聞こえる音の範囲が狭くなり、機体近くの音しか聞こえなくなります。そして、マッハ1・0を超えた瞬間、音が聞こえなくなります（後席の人とはインターフォンを使って会話します）。

それ以降は、音は常に自分の後ろを追いかけてくるようなイメージです。自分が発生させている音の範囲内を、自分で破るという感覚です。

◆超音速になった瞬間は特に何も起きない

よく、マッハ0・99からマッハ1・0、マッハ1・0からマッハ1・01になる「切り替わりの瞬間」に、何か起きますか？　と聞かれることがあります。ですけど、私が乗っていたF-15の場合はほとんど何もありませんでした。

ほとんど何もない代わりに、2機で接近した状態で飛ぶと、面白い現象が起きます。1番機がいて、自分が2番機の位置（斜め後ろ）にいるときに、一緒にせーので音速を超えるとします。

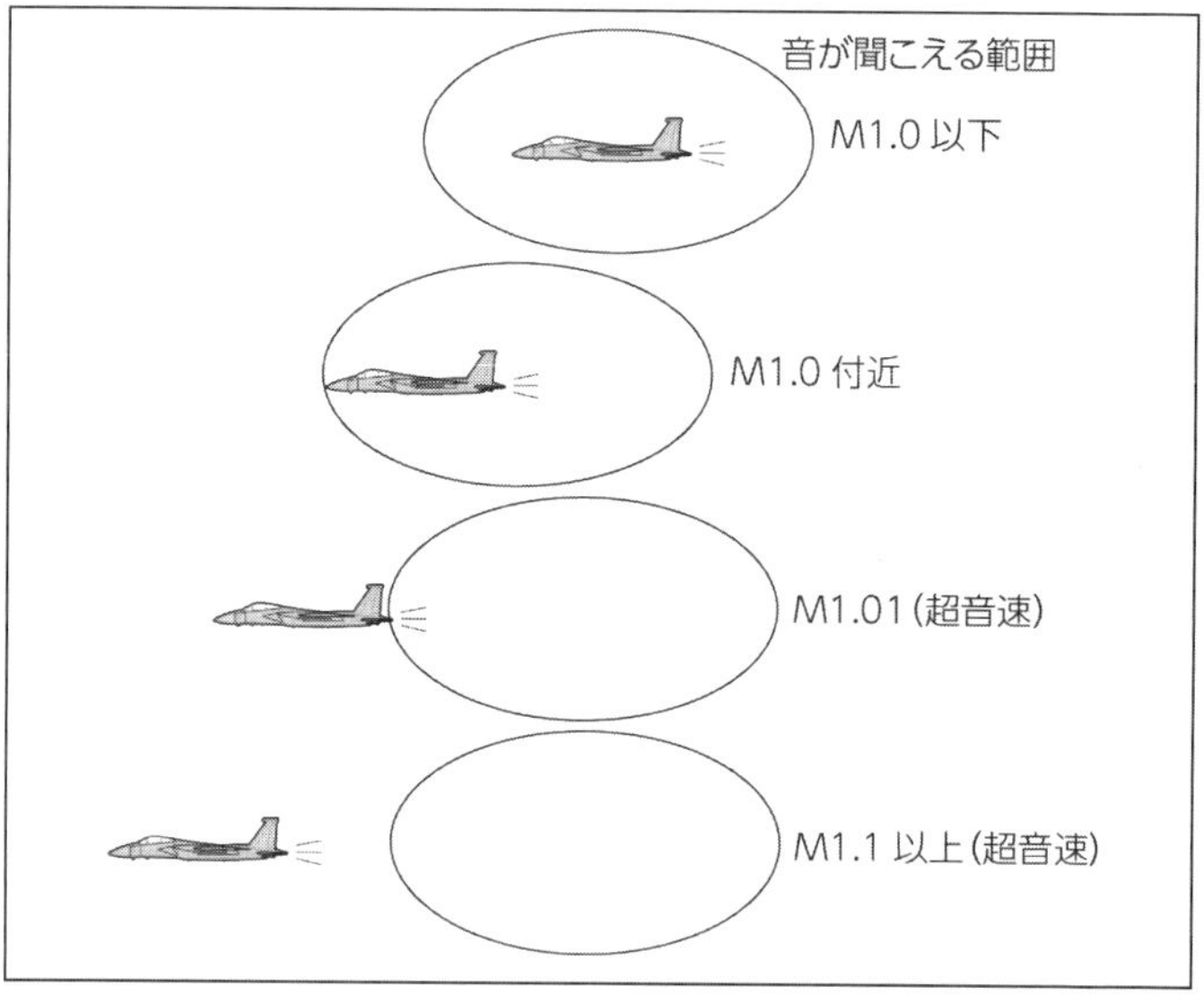

［図8-1］マッハ1．0以下までは周囲の音が聞こえるが、マッハ1．0を超えると発生する音よりも機体が速くなるため、周囲の音は聞こえなくなり静かになる。

すると、1番機が発生させた衝撃波をこちら（2番機）が通過するときに、機体がポワンとなります［図8-2］。それが、１番機の衝撃波を通過した瞬間になります。
この衝撃波とは音の壁で、自分が発している音の、ある種

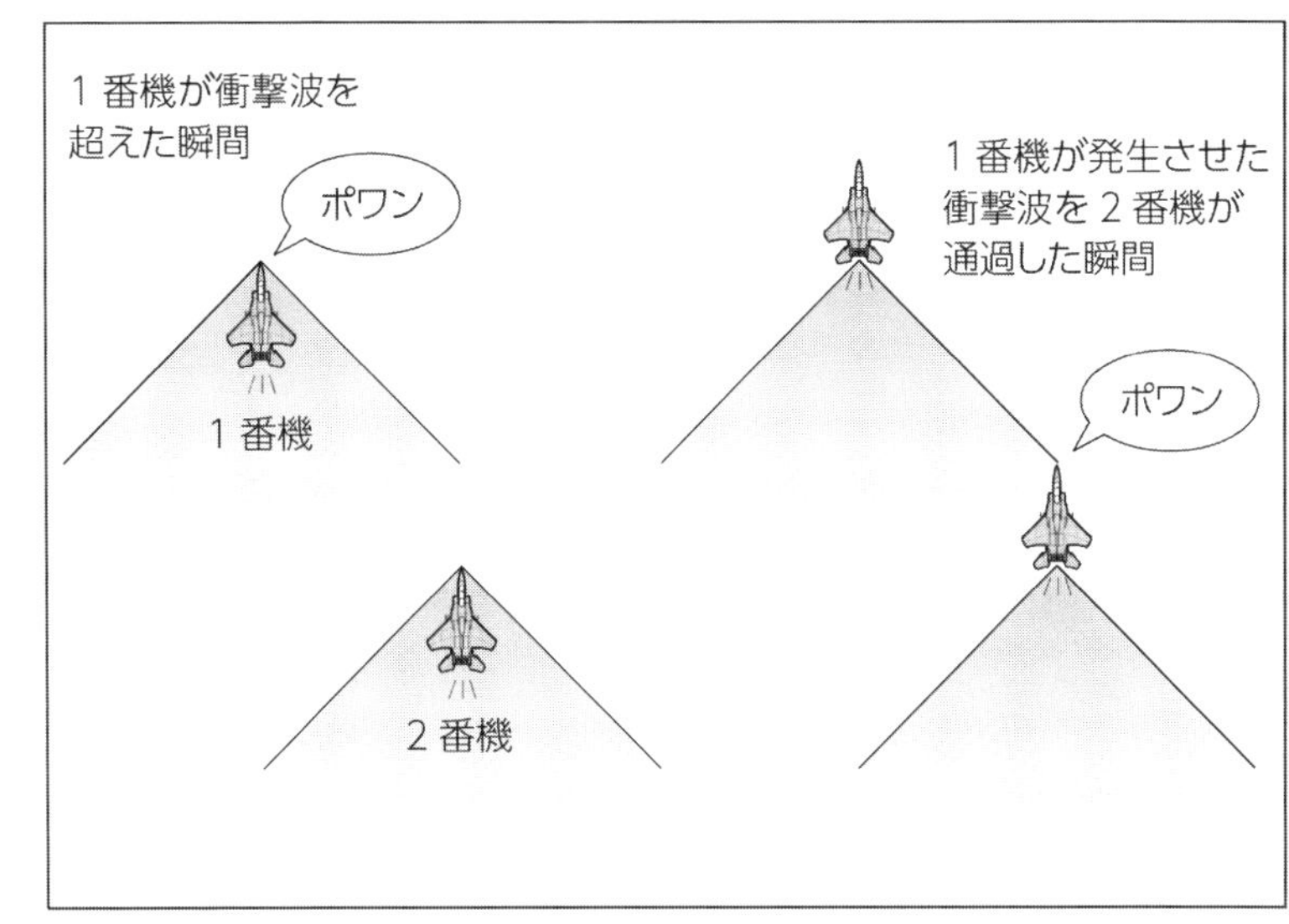

［図8-2］自機の衝撃波（音の壁）を超えた瞬間に「ポワン」となるが、２番機が斜め少し前を飛ぶ１番機の衝撃波を通過した際も「ポワン」となる。

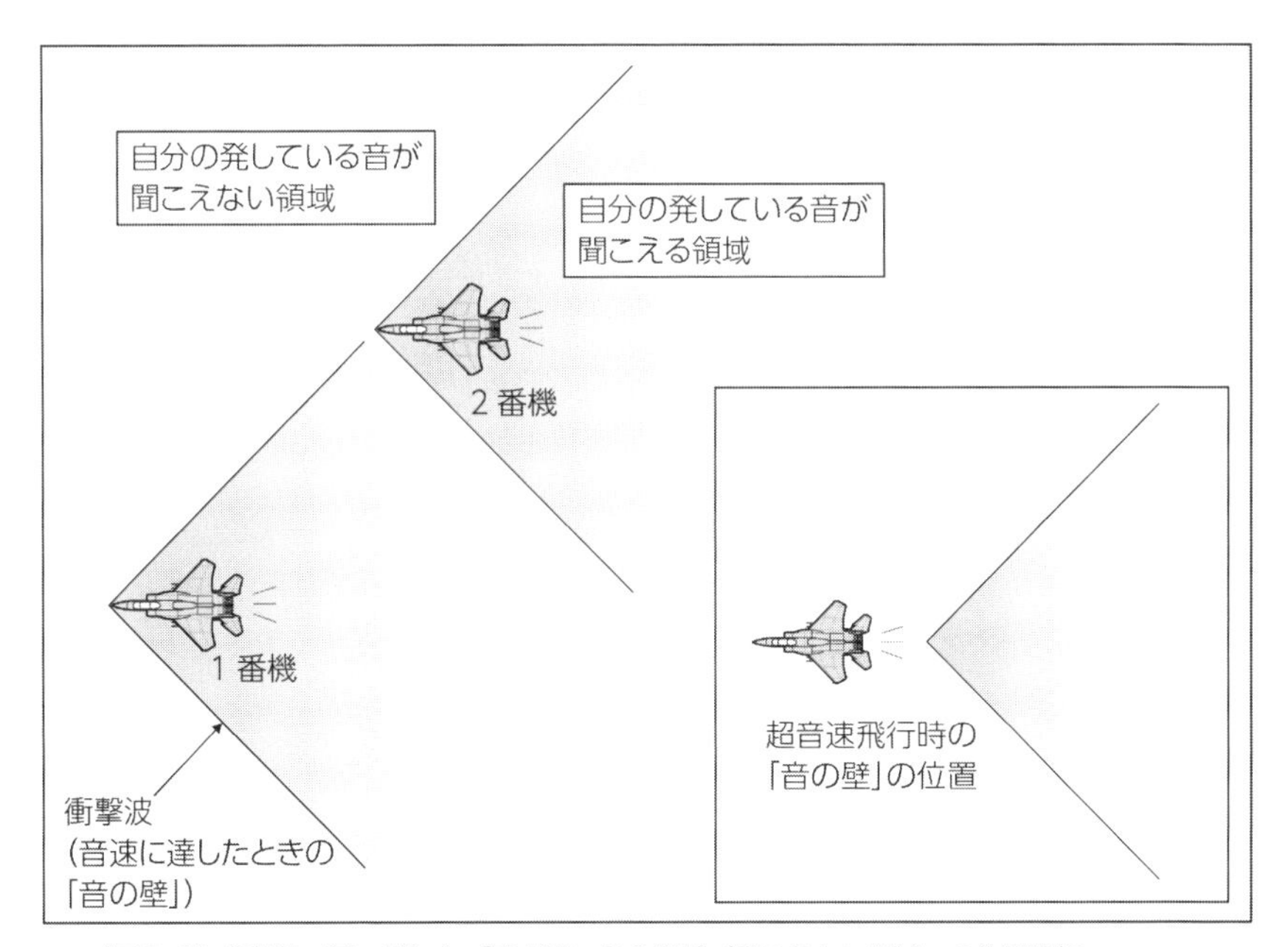

［図8-3］衝撃波（音の壁）と「音が聞こえる領域／聞こえない領域」の位置関係。

の壁です。その壁の進行方向側は自分で発している音が聞こえない領域です。進行方向の逆側は自分で発している音が聞こえる領域です。自分の音が聞こえる領域に壁が発生するのですが、この壁を2番機が通過するときに自分自身も衝撃波を出していますから、通過するときに機体がグラっと一瞬揺れます［図8-3］。

この衝撃波というのは、前方から後方にどんどん流れていきます。まず音速前は機体の前方にあって、速度が音速に近づくと徐々に近づいてきて、機首に入ってやがて機体全体を包み込んで、音速を超えるとやがてポンと後方へ離れていきます。

音速を超えた速度を出している間は、音の壁は機体から離れて後方にあります。なので、この衝撃波が後ろに移動していくときに2番機が通ると一瞬ポワンとなるわけです。

私が最初に体験したときは、先輩が一緒に乗っていたんですけど、「今の分かるか?」って聞かれて「何ですか?」って言ったら、「1番機の音の壁を超えたときだよ」って言われて、あーなるほど、こういうことなんだなと理解した記憶があります。

◆音速を超える直前はひどい振動がある!?

音速を超える瞬間、凄い音がするとか、機体の振動があるとかいろいろ言われることもありますけど、（F-15の場合は）実際はありません。

ただ「ライトスタッフ（The Right Stuff）」というアメリカの古い映画で、テストパイロットのチャック・イエーガーさんが初めて音の壁を超えるシーンがありました。それは、超える瞬間までは凄い機体の振動があって、超えた瞬間にすごくシーンとなるシーンです。あれはあれで、実際にあーだったのだと思います。

F-15など現代の飛行機でそうならないのは、非常に簡単に音速を超えられる設計と性能を持っているからです。ギリギリのカツカツのところで、なんとか超えようという感じでつくられた飛行機の場合は、映画のような感じになるのではないかと思います。

ここで一つ面白い話をしましょう。クイズです。コクピットの中で前席と後席に座っている人がいるとします。音速を徐々に超えていって、音の壁がちょうど前席と後席の間にきた瞬間、後席で喋った声は前席に聞こえるでしょうか?

音の壁が発生して音速を超えつつあり、そして前席はもう音速を超えている。音の壁が移動していく過程で、前席と後席の間に音の壁が発生した場合、音の壁を超えた人に対して壁を超えてない人が話しかけて果たして聞こえるかどうかということです。これは実際に実験してみたことがあります。

結果は……、聞こえました。何だよ、チェッって思われたかもしれませんが、というのは、実際にはヘルメットを被っていて、インターフォンで繋がっているからです（笑）。インターフォンは電気ですから、聞こえてしまいます。

今思えばヘルメットを外して（本当はダメですけど）、音速を超える前後ぐらいに、後席の人に「あおあおあーー」とずっと喋っておいてもらっていたら、ある瞬間にフッと聞こえなくなる瞬間があるんじゃないのかな？　と未だにちょっと思ったりもします。

もう今は実験しようがないのですが、もし将来、戦闘機や宇宙ロケットで音速の壁を超えるようなお仕事に就いた方がいたら、ぜひこれ実験して、結果を私に教えていただければと思います（笑）。

◆ベイパーコーンの正体は冷却された水蒸気

戦闘機が音速を超える瞬間を外から見たらどう見えるのでしょうか。インターネットなんかには、戦闘機が音速や音速に近い高速で飛んでいるときに、ブワッと機体周りに輪っか（ベイパーコーン）ができる瞬間を撮った映像がありますよね［図8-4］。

通常、自分が発生させた音は、１秒前のものは一番近く、2秒前はその外側、３秒前にさらにその外側と、自分を中心に円状にどんどん広がっていきます。しかし音速に近い状態では、自分が発生させた1秒前の音、２秒前の音が通常より後ろ側にズレていく状態になります［図8-5］。

この音の円は、機体の前で何重にも重なります（これが衝撃波［音の壁］となる）。この部分はある意味、音が圧縮されている状態です。また音は空気に触れると振動になりますので、空気の振動が圧縮されることになります。

このとき周りに水分が多い空気なんかがありますと、ギュッと圧縮されて熱を持った後、急激に膨張し冷却されることになります（これを「断熱膨張」といいます）。それによって、周りの大気中の水蒸気が冷やされて一気に凝固し、バッと煙のように出て、壁のように見える現象が起こるわけです

（発生原因には諸説あるようです）。それがベイパーコーン
で、音の壁そのものとは異なります。

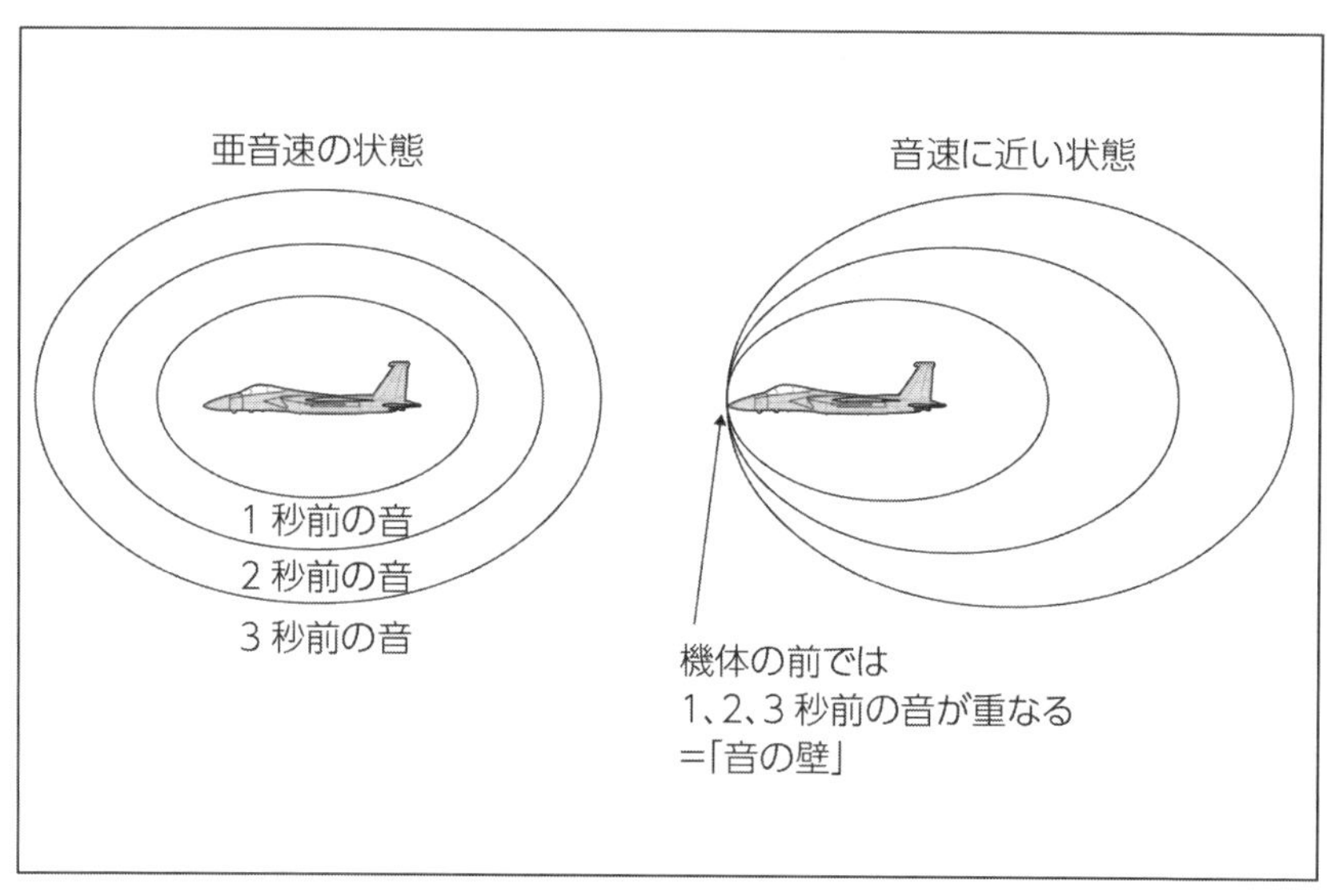

［図8-5］音速未満のときは音は自分を中心に円状に広がっていくが、音速に近くなると機体の前で音の円が何重にも重なって圧縮され、これが衝撃波（「音の壁」）となる。

［図8-4］機体の周りにベイパーコーン（円錐型の雲のようなもの）を発生させているF／A-18C。この現象は、多湿な海上低空など環境によっては音速未満でも起きることがあり、そもそもソニックブームや衝撃波とは別物である。

なお、過去に私が超音速飛行を行なったなかでは、音の壁を〝目視〟することはできませんでした。音速を超える瞬間に機体の前に何か壁みたいなものができるのかなと、期待していたのですけど、結局見ることはできませんでした。

ちなみに衝撃波を発生させる飛行はしょっちゅう行なうのですか？　とよく聞かれるんですけど、年に数回という感じです。というのは、日本の陸地近くの区域ではできないからです。

衝撃波は空気を伝わって地面にまで到達します。あまりにも陸地が近いときは、その衝撃波で地上の建物の窓ガラスを割ったりさえもします。ですので規則で、日本の陸岸から何マイルぐらい離れたところでやりましょう、と決まっています。実際ミッションをやれる領域は非常に限られる上に、回数も少ないので、そんなに何度もやるものではありません。それだけに貴重な体験をしたなーと今はちょっぴり思っております。

第9話　アラート勤務とはどのようなものか――スクランブル②

◆対領空侵犯措置のために待機につく

今回は、質問を受けることが多い、アラート勤務について話させていただきたいと思います。

そもそもアラートとは何ぞや、というところからですね。【第6話　対領空侵犯措置では何を行なっているのか――スクランブル①（49頁）】では、対領空侵犯措置についてお話しさせていただきました。日本の領空に接近してくる敵か味方かよく分からない航空機に対して、航空自衛隊の戦闘機がスクランブルをして相手の状況の確認し、場合によっては通告や警告をして日本に入らないように追っ払うという、平時における唯一の実戦任務です。

このなかで追っ払いに行くパイロットが航空自衛隊の基地内で待機している場所をアラート、またはアラートパットと呼びます。つまり対領空侵犯措置のための待機をしているお仕事をしていることをアラート勤務につくとか、アラートにつくという言い方をします。

アラートが実際にはどんな感じなのかといいますと、まず、各戦闘機を有している航空団と呼ばれる大きい組織、簡単に言えば基地があります。その基地に行きますと、滑走路の近くに、普段、航空機や戦闘機がたくさん並んでいる駐機場があって、誘導路で繋がっています。

また駐機場とはまったく別個に、基地の端っこの方にポツンと格納庫と小さな建物があって、滑走路と誘導路で繋がっている部分があります。ここが一般的にアラート勤務の待機所と呼ばれるところです［図9-1］。

基地によってだいぶ違いはあるのですが、基本的には格納庫が2個あります。その中に飛行機が2機入っています。そして格納庫と格納庫の間に建物があります。ここでパイロットや整備員さん、ディスパッチと呼ばれる運行管理者が待機しています。

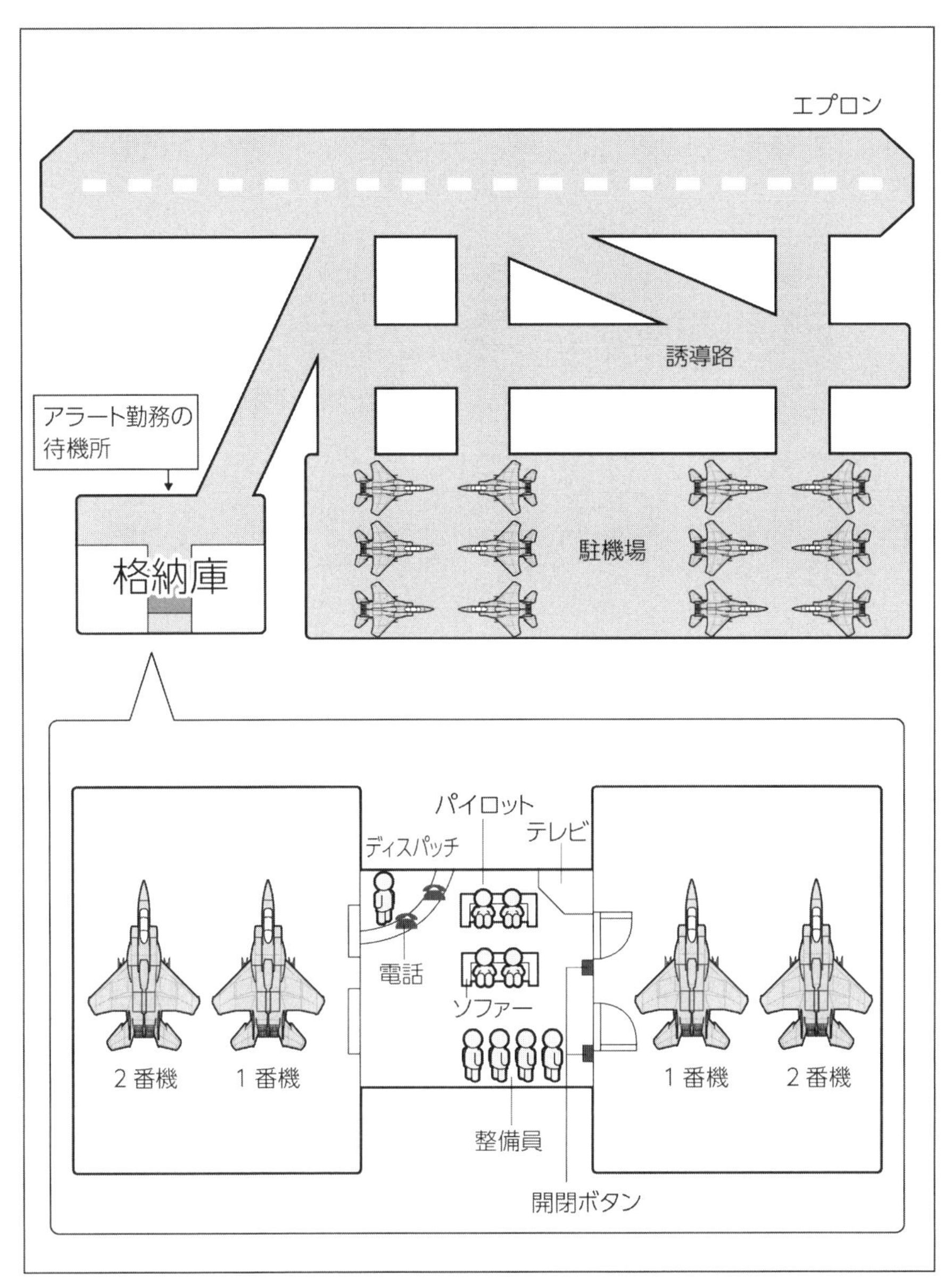

［図9-1］アラート勤務についているときのエアベースの概略図。パイロットは２人ペア（２機体制）で、格納庫内の待機所にて整備員やディスパッチャーと共に待機する。整備員やディスパッチャーは１チームだが、パイロットはもう１チーム（同じく２人ペア）が予備として控えることとなる。

◆2人ペアが2チーム体制で待機する

この待機は24時間です。整備員とパイロットと運行管理者（ディスパッチャー）の3種類のお仕事の人たちが、24時間ずっとこの部屋にいるということになります。トイレも建物の中ですし、ご飯も中で食べます。お風呂には入れません(簡易的なシャワールームが置いてある場合もあります)。もちろん家にも帰れませんし、基本的にこの建物から出ることはありません。とにかく24時間、ここでずっと待機をします。

格納庫が2個あって、それぞれ戦闘機が2機入っているのですが、アラート勤務では必ず、2機体制で離陸をします。1機で現場に向かうことはありません。仮になんらかの理由で1機が行けなくなった場合は、別のもう1個の隊が2機で出ていくことになっています。要するに、必ずこのペアで行くことになっているわけです(ディスパッチャーや整備士は1チーム体制)。

片方の隊が「5分待機」という待機の区分についていまして、もう片方が30分とか、場合によっては「1時間待機」につきます。「3時間待機」とかの場合もあります。

この5分待機とか1時間待機という待機区分がどういう意味かというと、要は5分待機なら、出動が下令されて5分以内に離陸が完了するということです。ですから3時間待機の場合は、出動が下令されてから準備をして3時間以内に離陸ができればOKということになります。

とにかく片方は必ず5分待機で、もう一つの隊は長い待機になっています。これはどういうことかというと、実は1日24時間ずっと待機しっぱなしになるんですが、パイロットの場合、飛ぶための装備品のGスーツなどを付けた状態で過ごすことになります。そうすると結構、お腹や下半身が圧迫されますね。

緊張をずっとキープしなきゃいけないことと、身体的な負担もあるため、2つの隊で、短時間待機と長時間待機を6時間毎(ごと)に交代しています。24時間ですから4回、片方が5分待機のとき、もう片方は3時間待機で、6時間が経ったら交代します。

それを4回繰り返すと24時間が経ちますので、次にアラート待機任務につくパイロットと整備員とディスパッチャーが車でやってきたら交代をします。今までアラート待機についていた人は帰宅できます。

なお、基本的に24時間待機（アラートオン）した後の次の日は、24時間の休日（アラートオフ）となります。ただ実際には、お休みといってもパソコンなどを使う事務仕事がたまっていたりするので、そのときは公務員なんですけどサービス残業になります。

◆スクランブル命令が出てから必ず5分以内に離陸する

5分で離陸というと驚かれるかもしれません。待機中、ずっと戦闘機のエンジンを回したままにしているわけではなく、もちろん切ってあります。そこから5分で上がれるのかっていうと、現実には上がれます。

といいますか、待機時間以内に上がれない場合は処罰が待っていますので、意地でも上がるんです。F-15なら３分40秒ぐらいでしょうか。このくらいで上がれたら結構早い方です。それでもみんな4分は切りますね。

出動のとき実際にどんな感じかというと、まず待機所の中は前出の図のような感じになっています。端にテレビ、真ん中にソファがあって、パイロットが待機しています。部屋の反対側には整備員がいます。部屋の端には電話がいっぱいあって、ディスパッチャーはその側にいます。

スクランブルは、航空自衛隊の中で北、真ん中、西といった感じで大きくセクターが分かれています。そのセクターごとの司令部から、どこそこの飛行隊にスクランブルを下令するシステムになっています。

待機所にいると電話が鳴ります。赤色の電話です。ディスパッチャーが電話をパッと取ると、ただちに出動命令になります。スクランブルであれば、ディスパッチャーは電話を受け取って（司令部からの）命令を聞いた瞬間に、「スクランブル！」と言います。

電話が鳴ると同時に（5分待機の）パイロットは「ん？」と思って準備をし始めますが、ディスパッチャーが電話を取って「スクランブル」と伝えると、２人ともバーンと外へ走って出ていきます。正確には整備員さんも同時に、全員が出ていきます。

出ていくときに、建物の入り口のところに格納庫のドアを開けるスイッチ（ボタン）がありますから、出ていく瞬間にボンと押していきます。パイロットが押す場合もあるし、ディスパッチャーが操作する場合もあります。

◆戦闘機を始動させる手順

格納庫には戦闘機が2機入っています。待機所側に1番機が、向こう側に2番機で、1番機のほうが近くにあります。ですから2番機のパイロットは（1番機の）機体の下をくぐって2番機へ乗り込みます。

その間、整備員たちが1番機と2番機に分かれていてエンジンを回します。エンジンスタートの手順などは通常の訓練とあまり変わりはないのですが、F-15の場合は、ある程度電子機器のアラインというのですが、地球上のどこにいるかといった座標の登録などをある程度終わらせた状態にされてあります。

あとはエンジンを回して、電子機器全部に電源を入れます。機体のINS（インターナル・ナビゲーション・システム）が今自分が地球上のどこにいるかを読み込んで座標計算を終えると、出発しても構わないという状態になります。

実際は座席に座ってヨイショとやっている暇はありません。スクランブルと言われたら飛び出し、機体まで走っていってラダー（コクピットに登る梯子。ステップ）を登ります。そして、右足をボンとコクピットの中に入れると同時に、右手でF-15の場合はJFS（Jet Fuel Starter：ジェット燃料始動装置）を引っ張って回します。このJFSとは、ジェットエンジンの始動を行なうための補助動力装置（APU）のようなものです。

それが準備できるまで数秒ありますので、その間に両足を入れて座り、横にあるヘルメットをかぶります。その頃にはもう整備員が機体の前に来ています。パイロットは機体と繋がったヘッドセットを片手で持ち、右手でマスクをピッと押さえながら、整備員とアイコンタクトをとりつつ「右、回すよ」とか言って、整備員が「クリア」と答えたら右エンジンを回し始めます。本来は「ライトエンジンスタート」とか言うんでしょうけど、私なんかは日本語でやりとりしていました。

ここで整備員が「クリア」と言っているのは、エンジンの後ろには誰もいないのでエンジンを回してOKという意味です。エンジンの前後に誰かがいると危険ですからね。

具体的なエンジンのスタート方法は次のようになります。F-15のエンジンスタートは右エンジンから始めますので、まず右エンジンのスロットルレバーの下部にある「フィンガーリフト」（JFSの回転力をエンジンに伝えるためのスイッチ）を引き上げてONにします。

するとＪＦＳのアームがエンジンに接続され、（ＪＦＳがエンジンを）回転させ始めます。（回転数が上がるまで）ちょっと時間がありますので、パイロットはその間に肩のハーネスを通しておきます。

やがてエンジンの回転数が18％にまで上がったら、スロットルレバーをＯＦＦ位置からアイドルレンジに進めます。アイドルレンジに入れるとエンジンに燃料が送られて、点火されます。

パイロットは肩胸と足のハーネスを留めつつ、ＦＴＩＴ(Fan Turbine Inlet Temperature：タービン入口温度）計を見ながら正常に着火しているか、回転数が正常に上昇しているかをモニターします。

エンジンが正常にアイドル回転数に達すると、ＪＦＳから延びていたアームが切断されて、エンジンは自律回転を維持するようになります。エンジンがアイドルに達したときに、エアインテイク（空気取り入れ口）が下方にどーんと下がります。

これで右エンジンの始動完了です。

そこで次に整備員が点検に入ります。点検が終わると同時に、同じ手順で左エンジンを始動しますが、ここで右エンジンと異なるのは、左エンジンがアイドルに達すると、ＪＦＳは自分用の燃料を遮断して、自分で回転を止める点です。

つまり、パイロットが行なう操作としては、

①ＪＦＳを始動する「ＪＦＳハンドル」を引く
②始動したいほうのエンジンの「フィンガーリフト」を上げる
③エンジン回転数が18％になったら、スロットルレバーをアイドルレンジに進める

実は、この３ステップだけです。簡単ですよね。

左エンジンがアイドルに達する頃には、ベルト類の拘束、つまり体と機体の拘束させる作業は一通り終わっています。左のインテークもドーンと下がったら、整備員が点検している間にキャノピーを閉めます。それと同時に整備員が、機体の下回りの点検と武装の準備を行ないます。

◆武装の安全装置を外して滑走路へ向かう

対領空侵犯措置のためのスクランブルは実戦任務ですの

で、ミサイルと機関銃の弾はすべて実弾を積んでいます。普段はセーフティー（安全装置）をかけてありますので、整備員が解除するために安全ピンを抜いてくれます。その間にパイロットはコクピット内の電子機器の電源を入れたり設定を行なうのですが、解除ができたら整備員が（解除したことを知らせるために）ピンを見せてくれます。そのピンを全部見て確認し、本数がＯＫであればＯＫシグナルを出すと、整備員がそのピンをしまいます。

そして、しまうと同時にもう一人の整備員が、目の前で結んだ両手を離すシグナルをしながら、「ディスコネクトします」と言ってきますので確認します。そしてケーブルが外され、整備機器と機体との通信が切られることになります。

そうこうやっているうちに、格納庫の隅にステータスボードが掲げてあるので、ここにＳＣ（スクランブル）の赤いランプが点いていれば、編隊長は準備状況を見つつ、管制塔（タワー）の管制官と話をして、リクエストタクシーコールをします。なお、スクランブルのときは、滑走路の運行は全部止まっています。

そして編隊長はコールするのと同時にスクランブルオーダーを受領します。スクランブルオーダーとはスクランブルのための管制で、例えば某飛行場を離陸して、離陸後、何度の方向に何フィートまで上がって、どこのレーダーサイトとコンタクトをして、周波数はいくら、というような情報です。

スクランブルオーダーを受領したら、そのオーダーを復唱しつつ、ウイングマン（2番機パイロット）もそのオーダーを覚えるようにします。場合によってはメモして、タクシング（地上を走行すること）して出ていきます。

◆上昇後はデータリンクシステムが誘導してくれる

格納庫を出た後は、待機所から誘導路を経て滑走路に入って、そのままローリングテイクオフです。タキシングから止まることなく、そのまま上がっていってしまいます。滑走路に入るときに（管制塔に）レディをコールすると、（管制塔も）すぐにクリアテイクオフを出してくれます。

2番機も1番機に続いてすぐに上がります。1番機が出発した時間を見ておいて、例えば5秒後とか10秒後とか決められた時間の後に、2番機も出発します。

上昇の仕方はスクランブルオーダー次第です。スクランブルオーダーの中には、アフターバーナーを焚いて上がっていいのか、焚かないで上がるのかといった指示も入っています。その指示に応じた離陸で上がっていきます。

上がった後もスクランブルオーダーに応じて、方位（ヘディング）と高度（アルチュード）をとります。なお、このスクランブルオーダーの中の方位や高度には隠語、平たく言うとブリビティコード（暗号）が使われます。

実際上がった後はどうなるかといいますと、機体にはデータリンクシステムが付いているので、パイロットが見ているヘッドアップディスプレイ（ＨＵＤ）を見ます。すると、コマンドヘディングとかコマンドアルチュードといって「これからどの方位に向かって、どの高度まで上がれ」という指示がヘッドアップディスプレイにボーンと出てきます。

なので管制からの声の指示がなくても、そのコマンドに従って上がり飛んでいけば、最終的な対領空侵犯措置を行なう相手機のところまで誘導されます。でも、誘導されている間も、自分でレーダーも使いながら相手機を探したりして向かうことになります。

◆待機中は比較的ダラッとしている

実際このアラートの勤務というのは、6時間飛べる状態を常に保っておかなければなりません。ですので、食事も運んでもらい、待機所の中で食べます。お弁当ではないですが、パッカーに入れられてくるので学校給食みたいな感じです。

トイレも建物の中で済ませます。よく大のときどうするんですか？　と質問されることがあります。小のときは大体そのままですけど、大のときはちょっと時間がかかるので、大体もう一組みの編隊の方に5分待機を一時的に代わってもらいます。

ただ、この5分待機を交代するのはリクエストしないとダメです。ちょっと今から5分待機を入れ替えますみたいな感じで、中央の司令部までいちいち電話しなければならないので、結構恥ずかしいんです。ですので大のほうは自分が5分待機じゃないときに済ましておくのが原則です。

ご飯の準備は大体若手がやったりしています。普段、待機のときは何をやっているのですか？　ともよく聞かれるのですが、大体寝ているか、テレビを見ているか、ゲームをやっているかみたいなところです。テレビの「自衛隊のスクランブル任務に密着！」みたいな番組だと隊員が非常に格好よく待機しているような感じがするのですけど、実際それでは体がもたない気がします。

実際はもっとリラックスして、みんなでトランプの大富豪とかババ抜きをやったりして上手く時間を潰して備えています。ただなかには、アラートについてもノートパソコン持ち込んで、一生懸命に仕事している人もいます。人それぞれという感じです。

昔なんかは麻雀パイを持ち込んで麻雀をやったり、花札を持ち込んだりと、結構無茶苦茶なことをしている人も結構いたみたいです。でも、私も実はそれくらいの時代の口でございます。結構麻雀もやりまして、はっきり言ってアラートで麻雀を覚えました。

◆離陸までの一連の作業は体が覚えている

辛くないですか？　しんどくないですか？　と尋ねられることももちろんあるのですが、そこは何といいますか、慣れといえば慣れです。結局いつ来るか分からない相手を対象にしていますので、ずっと１００％緊張していてもしょうがないです。

やはり緊張するのはホットラインが鳴ったときです。

ディスパッチャーのところにはたくさん電話がありますが、ホットラインは呼び出し音が違います。呼び出し音がプーって鳴ったときはハッとなります。普段は割とボケーっと過ごしているような感じでも、そこでポーンと緊張というか、今から行かなきゃ！　っていう、いい意味での緊張状態に切り替わります。

いざベル（ディスパッチャーがスクランブル下令時に鳴らす非常ベルのようなもの。電話とは別）がジャーンと鳴って「スクランブル！」と言われドーンと出て行ったら、あとはある意味もうルーティンワークです。その中に思考というものは入っていません。もう体が覚えていますので、体が自然に一連の手順を機械のごとくやります。そこに感情もないです。もう単純に、自分が体で覚えたことをやって、離陸します。

フッと我に返るというか、今日はどこらへんに行くのかなとかをちょっと考えるようになるのは、やはり離陸した後でした。私があまり余裕がなかったせいもあるのかもしれませんが、離陸するまではもう本当に体に染み込ませている動きだったのを今でも覚えています。

第10話　スモークと飛行機雲の違いとは――ブルーインパルス②

今回は、ブルーインパルスのスモークと飛行機雲の違いについてお話をしたいと思います。

テーマは大きく２つありまして、一つは、なぜ飛行機雲はできたりできなかったりするのかというお話です。もう一つは、ブルーインパルスが白いスモークをどうやって出しているかをお話ししたいと思います。

◆気象学の基礎知識その１――上空の気温は計算できる

今回はちょっと気象学の話も交えなければなりませんが、まずは飛行機雲のほうからお話をしてまいります。お話をするにあたって基礎知識が３つほど必要ですので、それらからいきます。

まずみなさん体感的にご存知だと思うんですけど、気温は高度で変化します。例えば山登りをして山の上の方に登ったりすると、寒いねーという話になると思います。それは別に山だから寒いというわけではなく、単に高さが高いから寒くなっているわけです。つまり、気温は実質、高度で変わるのです。

どのくらい変わるのかというと、何フィート、もしくは何メートル上がるごとにどれくらい下がるかというレートを気温逓減（ていげん）率といいます。

なお断熱変化とは、気象学的にどうしても言っておかないといけないことなのでちょっと説明しますが、これは簡単にいうと、周りとの熱交換なしに空気の体積が変化したとき、温度がどう変わるかという理論的な変化を表しています。ただあまり本書ではここにはあまり深入りせず、実際どれぐらい変化するかというレートの方だけちょっと示します。

レートは２種類ありまして、一つが飽和している場合（後で説明します）で、もう一つが乾燥している場合です。飽和している場合で１・１℃／１０００フィート、乾燥している場合ですと３・３℃／１０００フィートとなります。１０００フィートという単位がピンと来ないかもしれないですけど、300メートルぐらいだと思ってください。
飽和している場合は300メートルごとに1・1℃くらいずつ、乾燥している場合は300メートルごとに3・3℃ぐらい温度が変化するということです。

なお、この飽和と乾燥とはどういう意味かというと、みなさんの周りの空気が含むことができる水の量はある程度決まっています。それがどのぐらいかは後で説明するとして、先ほどの気温逓減率の話で気温が15℃の場合、3万フィートではどのくらいの気温になるかという話を先にさせてください。

高度3万フィートでは、1000で割って1・1掛ければいいので、約33℃下がることになります。地上で15℃の空気がそのまま上空の方まで行くと、マイナス18℃に該当することになるのです。

これが例えば地上が0℃だったら、高度3万フィートではマイナス33℃、地上でもし30℃の気温であっても高度3万フィートではマイナス3℃ということで、地上の気温から上空の気温は、概ね想像がつくようになっています（ただ実際は、高気圧が来たり、低気圧が来たりといろんな天気の現象で厳密にこの通りとは言えないのですが、便宜上このように温度が下がると考えてください）。

◆気象学の基礎知識その2——空気が水分を含めるか含めないか

ここでさっきの水の話ですが、気温15℃のときに空気が含むことができる水分は約12・80グラム／立方メートルです。しかしこれが気温0℃になると、4・85グラム／立方メートルしか水を含むことできません。

これはご想像通り、湿度の話です。要は1立方メートルの空気に水をどんどん溶かし込んでいった場合、ある一定のところまでは空気中に見えない形で水分は漂っています。ところがある量を超えると、溶けきれなくなって水滴になります。その容器の内側に水滴として付くわけです。その、水がいっぱいになった状態のことを飽和状態というわけです。

なので、先ほどの気温逓減率のところで飽和状態のとき1・1℃／1000フィートと書いたのは、水をほぼ100％含んだ空気の場合は大体1000フィートあたり1・1℃ずつ温度が下がりますし、もし水がまったくない空気だったら3℃ずつぐらい下がるということになります。

ということは、気温15℃の段階で12・80グラムの水分を含んでいる空気をそのままグーッと冷やして0℃まで冷やすと、8グラムほどは溶けきれないことになります。8グラムの水が容器の底に出てくるはずです。それが、空気が含むことができる水分と気温との関係です。

ただ、これは基準が1気圧になっています。実際は空気の気圧（圧力）ですね。要は圧力が高くなると、含むことのできる水分の量は基本的には多くなります。

例えば炭酸ジュースなんかがそうです。蓋を閉めているときは炭酸の泡は見えませんが、蓋を開けた瞬間に炭酸の泡がシュワーっと出てきますよね。あれは炭酸のジュースの中に溶け込んでいる二酸化炭素に圧力がかかっている状態なので、蓋を閉めているときは溶け込んでいます。しかし蓋を開けると同時に圧力が下がり、二酸化炭素が逃げようとします。するとその炭酸水の中に溶け込んでいる二酸化炭素が溶けきれなくて泡になるといった現象です。これはあくまでも1気圧基準だと思ってください。

◆気象学の基礎知識その3――物が燃えると水ができる

3つ目は、物が燃えると何ができるかという話です。みなさん、昔化学の授業で習ったかと思いますが、物が燃えると何ができるか覚えていますでしょうか。はい、そうです。二酸化炭素と水です。水素が燃えると水しかできなかったりしますが、炭素を含んだ有機物が燃えると二酸化炭素と水ができます。

エタノール（C_2H_6O）とかに、酸素（O_2）がプラスされると、つまり燃焼すると、

$$C_2H_6O + 3O_2 \rightarrow 2CO_2 + 3H_2O$$

ということで、物が燃えると、二酸化炭素（CO_2）と水（H_2O）になるわけです。

◆飛行機雲は低温で飽和状態のときにできる

ここまで説明してきた3つのお話を総合的に使いまして、飛行機雲の話に移りたいと思います。

燃料がジェットエンジンなどで燃えます。燃えると二酸化炭素と水ができます（ここが重要ですよ！）。

そこで問題となるのは、エンジンの外側、要するに機体の周りにいる空気に、生成された水が溶け込むことができるか

どうかです。ここで飽和状態を迎えないで、水分が溶け込める状態にあれば何も起きません。

ところがもうすでに飽和に近い空気の中で水ができて排出された場合には、溶け込めません。その場合は水の粒になります。溶けきれない水滴になります。

先ほどの気温の話にも関係しますが、気温が氷点下を下回っているような上空の場合には、溶けきれなかった水の粒は氷になります。するとそれらが空中に漂うことになり、飛行機雲になるということです。

ですから、日によって飛行機雲ができたりできなかったりしますし、ほとんどの場合、飛行機雲は高い上空でしかできないと思います。なぜなら飛行機雲ができる場合は、まず気温が低く、生成された水が空気中に溶け込めず飽和状態になって水の粒にならなければなりません。逆に、水が空気に溶け込めるような場合は飛行機雲はできないことになります。

なので、あくまでも上空の空気の状態次第です。一般的には冬のほうが飛行機雲はたくさんできます。夏でも高い高度まで上がれば気温はどんどん下がっていきますので、そういうところでは出やすくなります。

◆スピンドル油を熱で気化させて煙を発生させている

続いてブルーインパルスのスモークです。

ブルーインパルスのスモークは高度に関係なくいつでも出ますので、飛行機雲とはまったく別のものになります。どうやって出しているのかというと、別のものを燃やして煙をつくっています。

何を燃やしているかというと、スピンドル油です。油です。油を燃やすと煙になるの？ と不思議がられる方もいらっしゃるかもしれませんが、料理をされる方ならフライパンに油をひいてコンロに火かけ、温まってくると白い煙がパーッと上がってくるのをご存知ではないかと思います。要は油は熱すると気化して、白い煙を出すわけです。実はブルーインパルスも同じことをやっています。

ブルーインパルスが煙を出しているときの写真をよく見ると、右のノズルから煙が生成されていると思います［図10-1］。

その右のノズルの部分を拡大してよく見ると、ジェットエンジンの排気口の後ろに、ピョコっと何か棒みたいなものが

［図10-1］三沢基地の航空祭でスモークを出しているブルーインパルスのT-4。下の写真はその拡大写真で、よく見ると2つの排気口の間くらいに棒のような小さいノズルがあって、スピンドル油を吹き出しているのが分かる。

出ています。そこから白い煙がバーっと出ています。要はこの細いパイプからスピンドル油がバーッと噴き出されているのです。

先ほどのフライパンの話同様に、その油がジェットエンジンの排気の熱によって気化して白い煙となり、スモークを引いているわけです。ですからブルーインパルスの煙の正体は油の煙です。

スピンドル油が有害か否かは私にはよく分かりませんが、一般的には高速で回転する機械部品の潤滑油としても使われていますし、手に付いても別にどうってことはないのでそこまで有害というほどではないと思います。

ブルーインパルスの写真を撮られている方も多いと思います。もしよろしければお手元の写真で、右ノズル部分をアップにしてみて、確認してみていただきたいと思います。

◆スピンドル油に特定の金属を混ぜると色が付く

2020年の東京オリンピックでは、ブルーインパルスがカラーの五輪を描くんじゃないかという噂が出ております(あくまで噂で、私もその辺はちょっと本当かどうかよく分かりません)。

煙に色を付ける、これは一体どうしているでしょうか。赤色や緑色のスピンドル油があるかというと、そういうものはありません。スピンドル油そのものはほぼ色のない透明な物体なので、スモークに色を付ける場合はそれに添加物を付けています。要は何かを混ぜているわけです。

みなさん化学の授業などで、炎症反応という実験をしたことを覚えているでしょうか？

私はやった記憶があるのですけど、ガスバーナーの火に細い金属でできた棒をピッと入れて燃やすと、その金属の棒が燃えて2色がつきます。つまり、燃えて、赤色とか青色の火ができ上がるという実験ですが、あれとほぼ同じです。


次に挙げる物質が、本当にブルーインパルスの煙の色付けに使われているかどうかは定かではありませんが、参考例として見てください。

例えばリチウム（Li）を燃やすと赤色に、ナトリウム（Na）だと黄色、銅（Cu）ですと緑色ですし、カルシウム（Ca）ですと橙色になります。ですからこういった金属類を細かい粉状にしてスピンドル油に混ぜ込んで使用すると、気化したときに炎症反応によって色がついた煙になるという原理です。

この場合、色を付けるための金属を燃やすと害があるかとか、地上に降ってきたときにどうだといった問題も多少あります。そのために今のブルーインパルスは真っ白な煙だけになってしまっています。ただ個人的には、今度のオリンピックは国際的な大きい行事ですから、ぜひカラーで五輪の5色リングを描いてくれれば、日本ここにありという感じで誇らしいと思いますので、今からちょっと期待をしています。

第11話　飛行中に風を測定する方法——航法②

◆上空の風は実際に上がってみないと分からない

今回は、風の測定です。風の測定と聞いても、「はぁ？」っていう声が聞こえてきそうなんですが、みなさんが地上にいらっしゃるときは、風がどっちから吹いているかはどうやって分かるでしょうか。

指をペロッと舐めて、あーこっちから吹いているな！　なんて昔のマンガみたいなことをやっている人もいれば、もう少し正確に知りたい場合は風見鶏(クルクルって回るやつです）を使うという人もいると思います。

では時速何百キロというスピードで飛んでいる飛行機は、どのようにして吹いている風の方向や強さを測っているのでしょうか。

実際にはパイロットは飛ぶ前に、地上でいろんな天気図などを見て上空の風をある程度知っておきます。つまり予想図を見て考えておくんですけど、いざ上空に上がってみると、実際には風は想定通りではないことのほうが多いです。むしろ、ほとんど予想が当たることはありません。

でもパイロットは、その場の現実の風や実測された風に応じて方位を決め、時刻表通りに到着するように航空機を制御しています。

では、パイロットは飛んでいる際にどうやって風を測っているのでしょうか。今回はこのテーマについてお話をしていきたいと思います。

◆風に流されることで、風が分かる

まず、みなさんはパイロットとして、Aというポイントから Bというポイントに向かって飛ぼうとしているとします。真上が北とします。

いざ、北に向かってどんどん飛びました。しかし、ふと気が付くと、B'まで行ってしまったとします［図11-1］。簡単に言うと、自分は点線のルートを飛んでいるつもりだったの

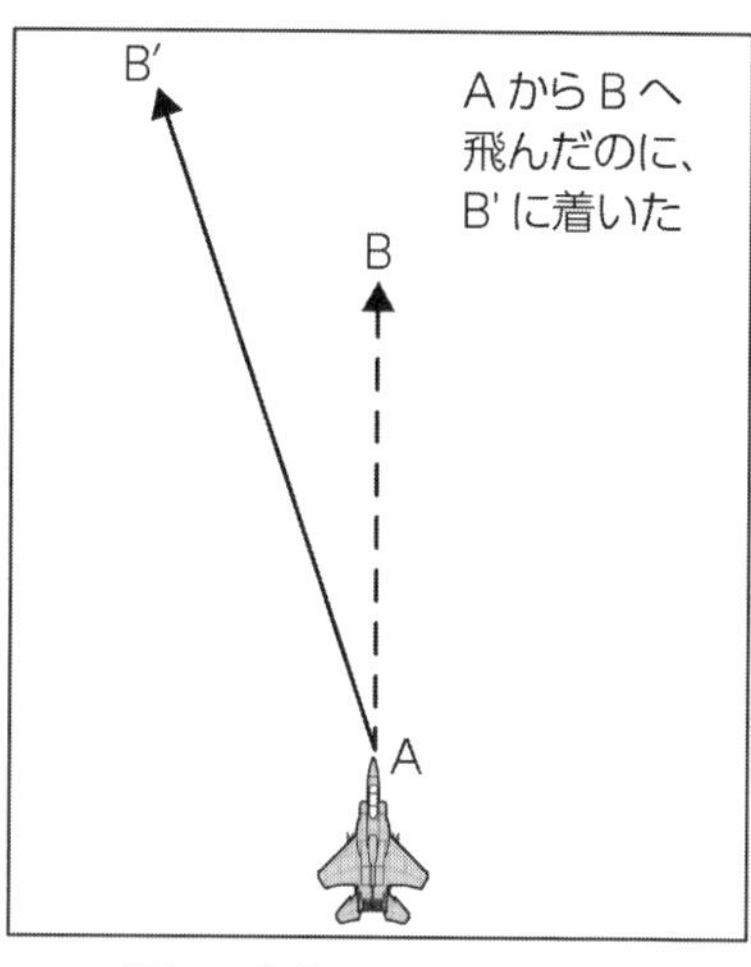

［図11-1］横風があると、AからBへ飛んだつもりでもB'へと流される。

に、結果的に斜めに飛んでしまったようです。こういったことは、飛行機の世界では実際にあり得ます。

　このとき、一体何が原因だったかを考えます。もちろんパイロットの操縦テクニックとか、ヒューマンエラーとか、機械の誤作動とかいろいろあるかもしれませんが、今回はそういったことがまったくないと仮定した場合です。

　その際、本来は自分は点線のルートを飛んでいるはずだったのに、（Bから）B'まで流されたと考えます。言い換えればAからBまで飛んでいる間に、B—B'の量の風で流されてしまったためにB'へ着いたと考えます。

［図11-2］風に流された角度を「DA（Drift Angle）」と呼ぶ。また、この際にA-B-B'で描かれる三角形を「風力三角形」と呼ぶ。

　この流されてしまった角度のことを「DA（Drift Angle）」と言いまして、こういった三角形の絵を描くことを「風力三角形を描く」といいます［図11-2］。

　航空機の航法の世界では、風力三角形には「表三角形」と「裏三角形」の2種類がありますが、この流されてしまった三角形は基本的に表三角形と呼ばれています。

　繰り返すと、パイロットはA—Bまで飛んだつもりが、結果的にB'に来てしまった。では、BからB'まで引っ張ったのは風だね、というふうに考えるわけです。

　例えばAからBまで1時間かけて飛びました。1時間の間にこれだけ流されました。1時間にB―B'分の風が吹いていたということは、例えばB―B'の距離が10キロあったとしたら、1時間で10キロ流れるということは時速10キロ分の風が吹いていたということになります。

◆ズレさえ分かれば短時間で風は測れる

方向はというと、BからB'への方向がそのまま方向です。図でいうと、右後ろから時速10キロの風が吹いていたから、結果的にそうなったと考えます。

え？　では、エアラインの飛行機は常に行きたいところに対して（風に）流されまくって飛んでいるんですか？　と思われたかもしれません。そうやって飛行していると、ある場所からある目的地に行くときに、やれ流された、戻した、やれ流された……という感じでジグザグに飛んでいることになってしまいます。

もちろん現実は、目的地までほぼ直線で飛んでいます。なぜ真っすぐ飛べるかというと、例えば1時間放っておいたからB'まで流されたけど、これがもし半分の30分だったら、A―B'の中間地点に着くことになります。つまり、飛んだ距離も流された距離もそれぞれ半分になります。

しかし、30分の三角形も1時間の三角形も相似で、同じ形になります。流された分の長さは半分になりますけど、角度は一緒なので、30分飛んだだけでも風の強さは分かります。言い換えれば、15分でも5分でも分かります。

要するに、自分がBへ向かっている線に対してズレたという認識さえ持つことができれば、飛んだ時間はどんなに短くても上空の風は算出ができてしまうのです。

◆風の強さ分だけ風上側へ針路を変える

では、この算出した風でどうすればいいのでしょうか。結局、最初の質問の「飛行機は、どのようにして吹いている風の方向や強さを測っているのか」という質問への答えは、自分が流されてしまった結果で分かるというのが正解です。

どれだけ流されれば分かるかというと、昔はそれこそ1時間とか30分は飛ばないと分からなかったかもしれません。しかし今は自分の現在地を測ったり、自分が飛びたいコースからどれだけずれているのかを測ったりするための機材があり、精度も非常に高くなっています。

昔はＡＤＦ（Auto-Direction Finder：自動方向探知機）

と呼ばれる機材がありましたが、方位しか分かりませんでした。やがてＤＭＥ（Distance Measuring Equipment：距離測定装置）が出てきて距離が分かるようになり、さらにＶＯＲ（VHF Omni-directional Range：超短波による方向指示標識）やＴＡＣＡＮ（Tactical Air Navigation：戦術航法装置）のような、より高精度に自分の位置を知ることができる機材が登場してきました。そして現在では、ＧＮＳＳ（Global Navigation Satellite System：全球測位衛星システム）航法があります。いわゆるＧＰＳですね。

ＧＰＳは航空の世界ではＧＮＳＳと呼ばれ、このおかげで針路が１メートルでもズレていたら分かるようになってきました。

短い時間で上空の風を測定し、ズレを認識できるようになっただけでなく、ＧＮＳＳは飛び方がジグザグにならないようにするためにも使われています。

具体的には、風に流される前提で、針路を風上のほうにずらしてあげる、最初からＤを目指していけば、風に流されてちょうど目的地のＢに行けるじゃないかという考え方です。

この角度を「ＷＣＡ（Wind Correction Angle：偏流修正角）」といいますが、このB'（風に流されて辿り着く地点）が早い時間で出ますので、出た瞬間に飛行機のパイロットは針路を風上側にずらします。つまり風に流される角度を計算して方位を変え、巡航スピードも変えて、Ｂ地点に時刻表通りに着くように制御しているのです。

こういった右側の三角形も同じく風力三角形というのですが、こちらは裏三角形というふうにいいます［図11-3］。

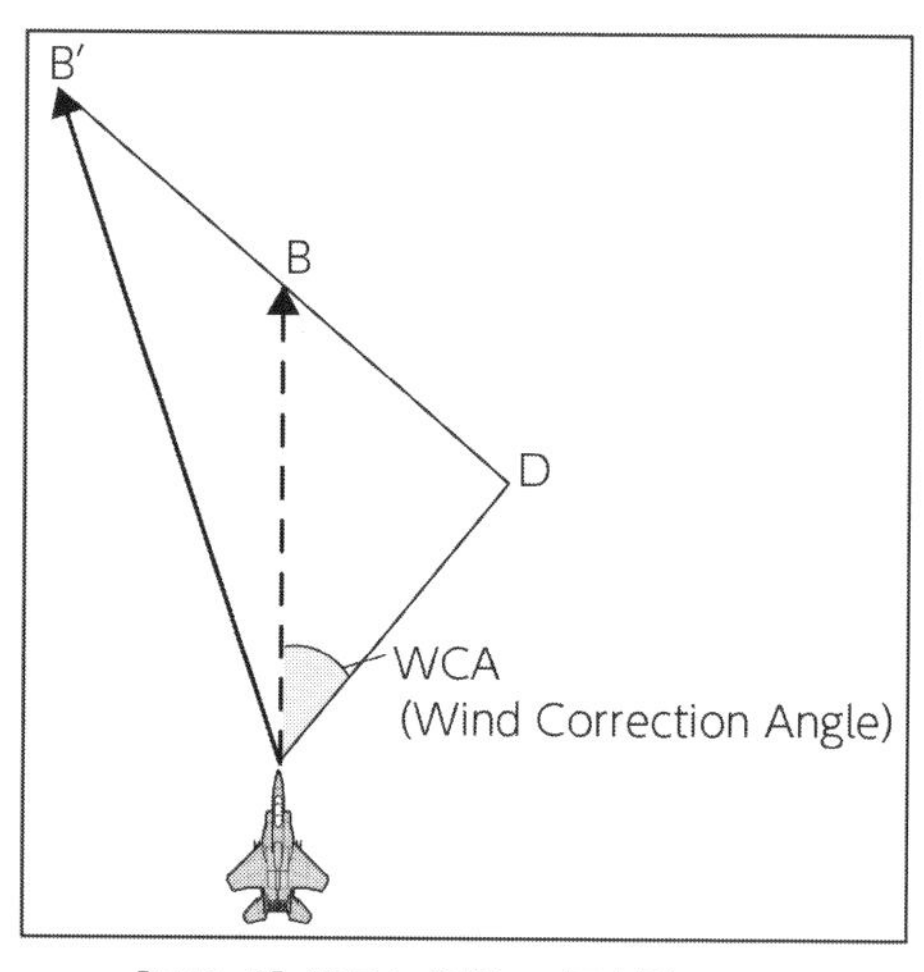

［図11-3］横風を考慮して風上側のＤに針路をずらした場合、D-A-Bの角度を「ＷＣＡ（Wind Correction Angle：偏流修正角）」と呼ぶ。

◆小型機は自分で、大型機は機械が計算してくれる

航法では数学と物理の考え方が必要です。数学のベクトルの考え方ですね。風に流される方向と流された長さで三角形を描くことにより、風（の強さ）の計算を実はやっているのです。

コクピットには航法用コンピュータと呼ばれる、金属やプラスチックでできた計算盤があります。パイロット自身がそういったもので計算することももちろんあります。自家用操縦士の免許を取るときは、その航法用コンピュータを飛行中に上空でクルクル回して、自分で計算する必要があります。

大きい飛行機やより高度な飛行機になってきますと、ＦＭＳ（Flight Management System：飛行管理装置）とか、場合によってはＩＮＳ（Inertial Navigation System：慣性航法装置）などのナビゲーションシステムが機体に付いていて、パイロットの代わりに計算してくれます。それだけでなく、方位の修正から、ＷＣＡ（偏流修正角）を取って目的地に時間通り着くための速度や高度などの適切な調整までを、機械がやってくれます。

それでもパイロットも、常に風の方向を考えて飛ぶことは基本中の基本になっています。

第12話 スピンに入りやすい機体、入りにくい機体——スピン

◆スピンとはどういう状態か

今回のテーマは、F-15とスピン（錐揉み）についてです。

みなさんはスピンとは何かをご存知でしょうか？　簡単には、飛行機が螺旋状に落ちていく状態をいいます。

なぜそういった状態になるかというと、飛行機が螺旋状に落ちるときの外側の翼は揚力を発しているけど、内側の翼は失速をしている、つまり揚力を発生していない状態だからです。

ちょっと分かりづらいでしょうかね。通常飛んでいる航空機は、左右の翼で自分自身を持ち上げる力（揚力）を左右均等につくっています。しかしスピンの状態というのは、仮に左側の翼が失速をして揚力を発揮していない状態だとすると、反対の右側の翼だけが揚力を発している状態になります。となると、機体は揚力を発生していない左側に傾くことになるわけです［図12-1］。

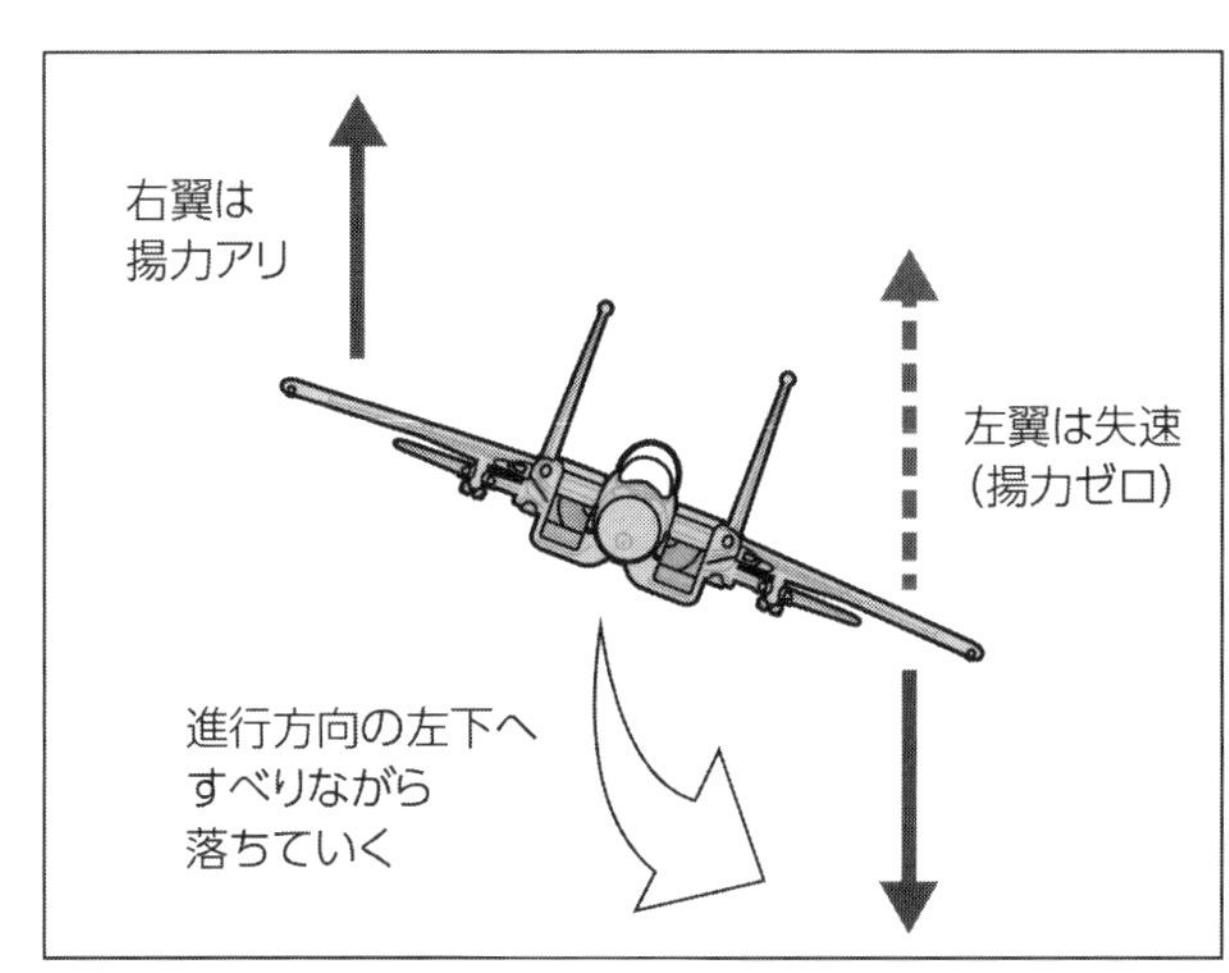

［図12-1］左翼側が失速した状態。左翼側は揚力がないので、機体は左下方向へと落ちていくことになる。

そうなると、揚力を発していない左側に永遠に傾きそうなものですが、実際には、本来の進行方向の左下方向へ滑りながら、どんどん落ちていくことになります。左側は失速しているのでどんどん落ちようとして、右側はどんどん上げようとするので、左向きに回転しながらどんどんと高度を失ってしまう状態です［図12-2］。

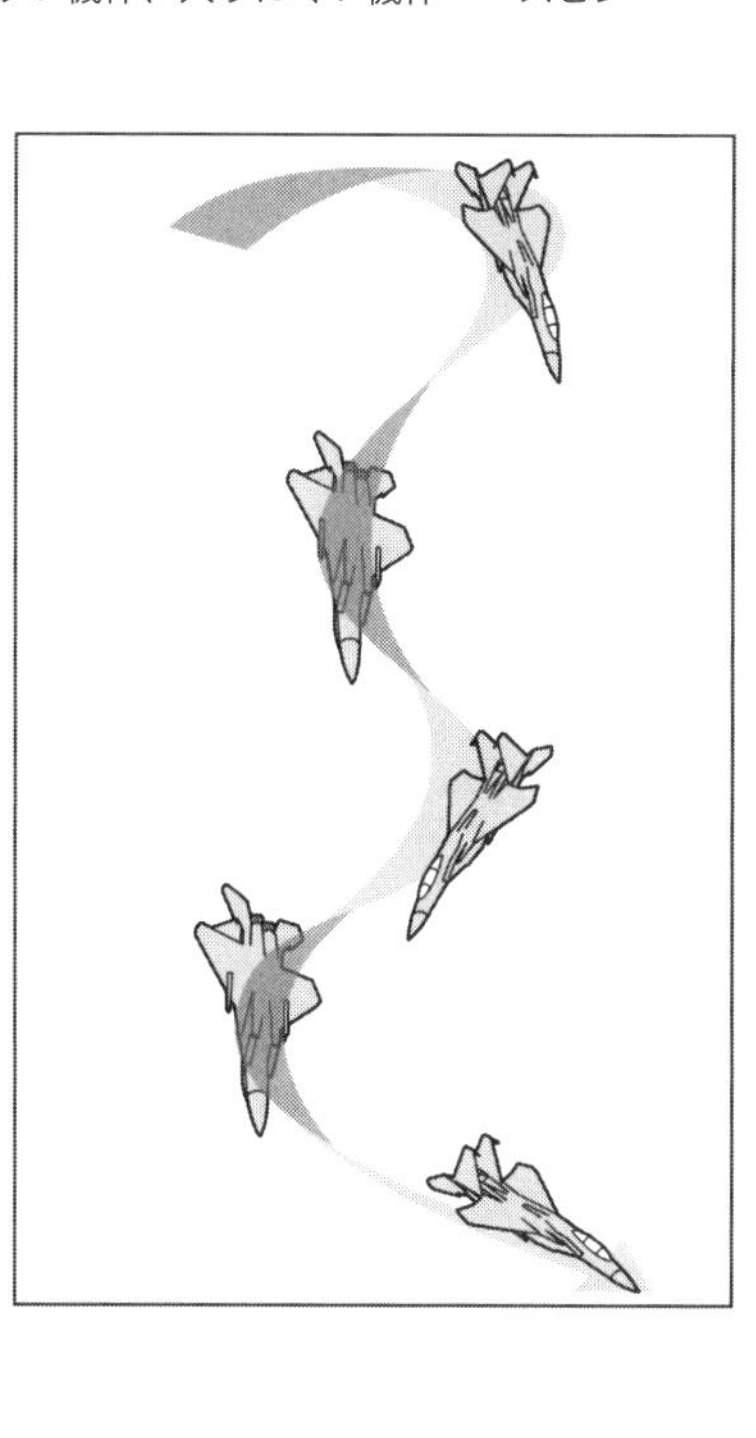

［図12-2］錐揉みスピンに入って落下していく様子。失速した主翼側はどんどん落ち、逆に反対側は上げようとするため、失速している側へ螺旋を描くようにほぼ垂直に落ちていってしまう。

◆スピンに入りにくい機体は、スピンから回復しづらい？

スピンに入りにくい機体が、いざスピンに入ってしまうと回復しづらいのですか？　という質問を受けたことがあります。

質問の意図はよく分かるんですが、結論から先にいいますと、スピンに入りにくい機体は仮に入ってしまっても、すぐに回復できる機体です。言い換えれば、スピンに入りにくい機体＝入らない機体なんです。

そういった機体は仮に一瞬スピンに入ったとしても、すぐ定常の元の状態に戻ろうとします。要するに、機体そのものの復元性が非常に強いということですね。

◆意図的にスピンへ入れる方法

例えば、F-15をスピンに自力で入れようとします。スピンに入れるためにはどのように操縦するかというと、まず飛行機をそれなりに失速させなければいけませんので、通常飛んでいる状態からまず機首をグーッと上げて無理やり上昇姿勢にもっていきます。するとやがて速度が減っていきます。

そしてエンジンの出力はあえて絞っておきます。やがて、だんだんと速度が減っていって、このままだと失速に入るよってところで、自分がスピンに入れたい方向、例えば左方向に入れたいんであれば、左ラダーをグイッと踏みます。


すると機首は左方向を向いて横滑りし始めます。機体が失速しかけて前方に進むスピードがないということは、揚力をほとんど失っている状態に近いのですね。次の瞬間には失速する状態でラダーをグッと踏むと、左側の翼は前に進む力や揚力はほぼゼロで、下手すればマイナス方向に働くわけです。

一方、反対側の右翼はより強く前に動くことになりますので、速度が付きます。つまり、左側は失速に入って、右側は失速には入らないで逆に揚力が増える状態になります。

この状態でさらに操縦桿をグイッと後ろに引っ張ります。すると飛行機はさらに迎え角がより大きくなる。本来であれば、より揚力を増す操作なんですが、失速している側の翼を上げると、よりディープな失速に入ってしまいます。でも、反対側はまだ揚力を得ている状態ですから、より多くの揚力を得ます。


そして左側が完全な失速に入った瞬間に、機体はグルンと回り始めるわけです。あとは同じ工程をどんどん続けることになりますので、スピンに入っていきます。

◆なぜF-15はスピンに入らないのか

ここまでスピンに入れるための操縦を説明してきましたが、まず最初に失速に近い状態にエントリーさせなきゃいけません。でも、F-15という飛行機には実は失速がありません。なので失速に入りません。

通常の航空機は機首をずっと上げた状態で失速に入ると、翼が支えられなくなって、ドドドドと機首が下がって急激に落ちていきます。

ところがF-15の場合は、機首を上げて速度が少なくなってもドドドとはいかずに、そのままの姿勢でスーッと綺麗に高度を落としていきます。どんなに機首を引っ張っても、機首がガタンと落ちたり、急激に揚力を失うことはないんです。ですので、あくまでもギリギリの揚力を保ったまま、ずっと飛行機を制御しながら高度が下がるだけです。

これは機首後ろのスタビレーター（全遊式の水平尾翼）［図

［図12-3］迎え角の角度をとっているF-22のスタビレーター（全遊式の水平尾翼）（写真：Don Ramey Logan）。

12-3］が、ある一定の迎え角を超えて失速に近い状態になる直前に、自分で舵面をコントロールして失速状態に入らないように制御してしまうからです。つまり、コンピュータによって入らないように制御されてしまうんです。

なのでスピンに入れようと思っても、まず失速にならないのでスピンには入らないんです。

これは実際その人と話をしたわけではなく、文献で読んだだけなのですけど、このF-15という航空機が開発されたときにテストパイロットがなんとかスピンに入れようとしたそうです。それも定常モードのスピンであるとか、非定常モードのフラットスピンとかインバーテッド・スピン（背面のスピン）など、ありとあらゆることをやったんですけど、どう頑張ってもスピンに入らなくて、諦めて帰ったという話を読んだことがあります。

ということで、F-15は入らない飛行機なんです。

でも、それはコンピュータとか機体の状態がすべて正常な状態に限ります。

もしどこかの翼の一部が欠けたとか、フライトコントロールのためのコンピュータの一部が壊れてしまった場合は、スピンに入る可能性はあります。そして、その場合は逆に、要は壊れちゃっているわけですから回復できないかもしれませんね。

◆スピンからのリカバリー手順

機体が〝正常な状態〟であれば、F-15のようなスピンに入りにくい飛行機が、もし仮にスピンに入ってしまったとしても、回復は実は簡単です。

まず、失速の定義はF-15にもあって、一応「AOA（Angle of Attack：迎え角）45ユニット以上」となっています（厳密には〝一般的な失速〟とはちょっと違います）。そして、「もしスピンに入ったら、こうしなさい」という手順もF-15の操縦マニュアルには書いてあります。スピンからのリカバリー手順ですね。

何と書いてあるかというと、「HANDs OFF」とあります。これはつまり、HANDsと複数形なので「両手を離せ」という意味です。もし自分で意図したアンコントロール、もしくは意図しないスピンなどの状態に入ったならば、手を離せと書いてあるわけです。

要は、機体に任せろ。操作するなってことで、手を離して機体に任せれば、回復するということです。それぐらい簡単に回復するわけですね。

これが例えば、小型機の代名詞でもあるセスナ１７２とかだとどうなるかというと、HANDs OFFしても回復しません。

基本的には操縦桿を中立位置に戻しつつ、旋転している方向と反対の方向のラダーを思いっきり踏みます。それと並行して、出力を最小限まで絞った上で、旋転停止と同時に機体を水平に戻すために（機首を）引き起こさないと永遠にスピンに入ったままです。

そういう意味からすると、HANDs OFFで回復するということはそもそもスピンにかなり入りにくく、仮に入ってもすぐに回復する機体といえることになります。

◆スピンは危険だが、コントロールできるもの

この失速とかスピンといったものは、訓練のために自分で意図して入れることもありますし、本当に意図せずに入ってしまうこともあります。パイロットはどちらの場合に対しても適切に対処して、失う高度を最小限に抑え、かつ機体を

壊さないように状態を回復する能力が求められます。

　ただ実際にスピンの訓練をしようと思っても、それができる機体とか場所は非常に限られていますので、例えば、飛行機の操縦の練習をされている方なんかは、もしスピンを体験できるチャンスがあったら、ぜひ積極的に体験していただきたいと思います。

　スピンそのものは危ないのですが、コントローラブルです。要は制御できますので、私なんかはもうやりすぎちゃって麻痺しているぐらいなんですけど、かといって舐めてかかっているわけではありません。


　でもやっぱり、学生さんと乗って初めてスピンの訓練をやるときは、学生さんはもう「ウワァーーー!!」って顔になりますね（笑）。そこで「回復操作をしなさい」と言っても、手順が出てこない。頭の中が真っ白になっちゃうんですね。それぐらい普通の飛行状態とは違う景色が目の前で広がるものです。

　飛ぶことはない方も、曲技飛行なんかで〝錐揉み〟をやっているのを見たときは、コントローラビリティーを保ったまま、ああいう機動を行なうのは大変なことなんだなーと知っておいていただけると、ちょっぴり嬉しいかなと思います。

第13話　横風が吹いていても上手く着陸する方法——着陸

◆角度と風速を聞いて横風成分を計算する

今回は、横風のときの着陸についてお話をしたいと思います。

横風にもいろんな種類があるのですけど、飛行機がある方向に進んでいるときに正面と真後ろから以外の風は基本的に全部横風になります。右斜めからの風や、真横からの風も横風です。右後ろからの風はフォローといって、追い風なので飛行機ではあまり条件としていないのですが(飛行機は基本的に追い風で離陸しないため)、弱い風ならあり得ます。

機体によっては正面からの風にはあまり制限がないですが（ある機体ももちろんあります）、横風は何ノットとか、後ろからの背風(はいふう)成分は何ノットなどといった制限は明記されています。

ここで「成分」という言葉を使いましたけど、これはどういうことかというと、例えば自分の右斜め前から風が吹いている場合、前と後ろ（縦方向と横方向）で分けます。する

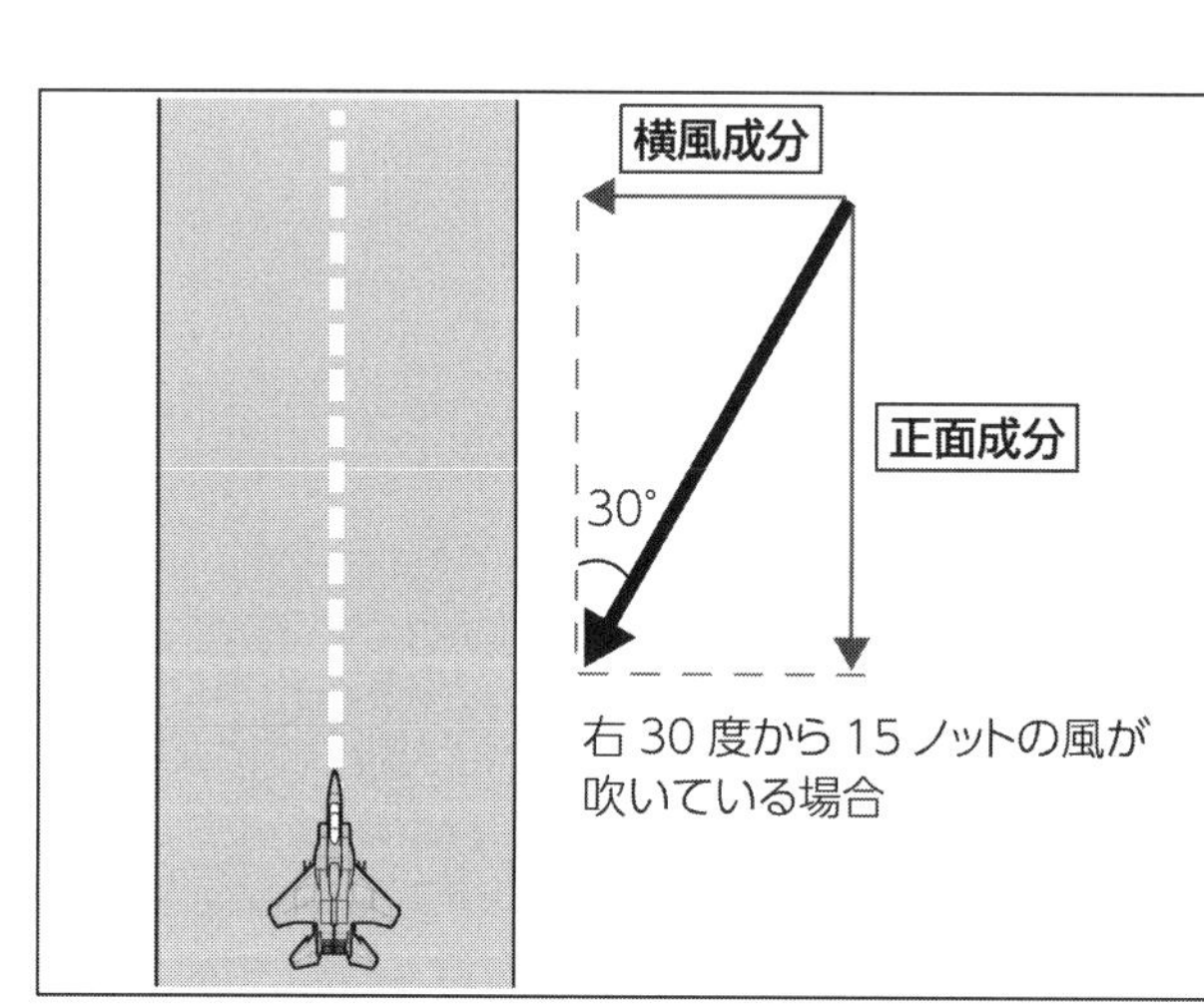

［図13-1］風は「横風成分」と「正面成分」に分けて考える。右30度の角度から15ノットの風が吹いている場合、三角関数から横風成分が7．5ノット、正面成分が約12．7ノットと分かる。

と、この風は横風成分がこれだけで、正面からの成分がこれだけというように換算をします［図13-1］。

パイロットは自分がアプローチする滑走路の方位に対して、何度から何ノットという情報を得ます。ランウェイ（滑走路）36（スリーシックス）で飛んでいて、「ウィンド０３０１５ノット（ゼロスリーゼロ、ワンファイブノット）」と言われたら、右30度から15ノットで吹いているということです（なお、この例で「ランウェイ36」というのは３６０度方向を向いた滑走路なので、「０３０」は右斜め前の角度を指すことになります）。

つまり進行方向に対して、右30度の角度から15ノットの風が吹いていることが分かるので、そこから横風成分と正面風成分を考えて、「あ、横風何ノットだな」と計算するわけです。

計算は1：2：√3っていう三角関数を使って、この場合なら横風が7･5ノットだなと分かります。もし右45度から15ノットだったら、1：1：√2ですから1・2で割ればよいという話ですね。

ただ本来は、制限風速はある意味、機体の制限になりますので、誰が操縦するにしてもその制限を超えちゃいけません。ですので、ギリギリのときは飛ばないという選択肢もあったりします。実際、私なんかはギリギリのときは飛びません。

どうしてもしょうがない場合は、風が強くても飛ぶこともありますが、そのときはアプローチするときに、常に風の情報を管制塔（タワー）から貰います。もし制限を超えているようであれば、もうそのときの着陸は諦めて、しばらく待って風が弱くなったタイミングを見計らって着陸するなんてこともあります。パイロットが「風に息がある」とよく言うように、風は強くなったり弱くなったりするものですからね。

◆横風時の実際の着陸方法

さて、実際の横風の着陸方法を説明していこうと思いますが、大型機（ジェット機）と小型機では少し異なります。最初にまずお話しするのは小型機の着陸です。

風があるということは、空気の大きなマス（エアマス）の中を飛行機が飛んでいると考えると、風が吹くとエアマスそのものが動いていることになります。なので、自分が真っすぐ飛んでいるつもりでも、飛行機の航跡は自然にずーっと風下側に流れることになります。

空を飛んでいるときは多少流されても軌道修正すればいいのですけど、着陸の場合は滑走路に対して真っすぐアプローチをする必要があります。

でも、機首をそのまま滑走路に真っすぐ向けて着陸しようとすると、横風を受けてダーッと風下に流れていってしまいます。なので風上側にちょっと機首を振って、風の力と自分の進む力がちょうど釣り合うところで真っすぐ滑走路に入れるようにアプローチをします。ちなみに、このようなアプローチのことを蟹（crab）の横歩きになぞらえて、「クラブアプローチ」といいます［図13-2］。

これが一般的にいうファイナルアプローチ、最終進入のところですね。この点は大型機も同じような感じです。同じアプローチの仕方をします。

◆クラブアプローチのときの車輪の問題

ただここで一つ問題があって、この姿勢のままでは車輪を付けられません。なぜかというと、航空機の車輪は機体が進む進行方向に真っすぐ付いていています。メインのタイヤもノーズ（機首）のタイヤもです。

ノーズのタイヤは、自由に方向が変えられるものや、シーラスという方向を変えられないタイプのブレーキでステアリング（かじを取る）する機体もあるのですが、メインのタイヤは一般的に方向が変わりません。前しか向いていません。

飛行機が車輪の進行方向に真っすぐアプローチした場合は問題ないのですが、先ほどみたいに風上に機首を向けてアプローチ（クラブアプローチ）した場合は、どうしても車輪に対して横向きの力がかかってしまいます。

そもそも飛行機の車輪は、地上でジーっとしているときの重み（静荷重）と、飛行機がドーンと接地するときの衝撃（ある一定の沈下率以下の場合に限る）に耐えられる強度に合わせて設計されています。もちろん安全係数が1・5ありまして、実際にかかりうる最も大きい荷重（終極荷重）の約1・5倍がかかっても壊れないようにはつくられています。

ただ、それは真っすぐ下りる前提なので、斜め横から力がかかることはあまり考えられていません。まったく考えられていないことはないですが、あまり考えられていないのです。

ということは、横方向に力がかかると最悪、車輪がポキッと折れてしまいます。そんなに脆いものなんですかと思われるかもしれませんが、非常に華奢なんです。飛行機は飛んでいるときがメインですので、地上に居るときの車輪はあく

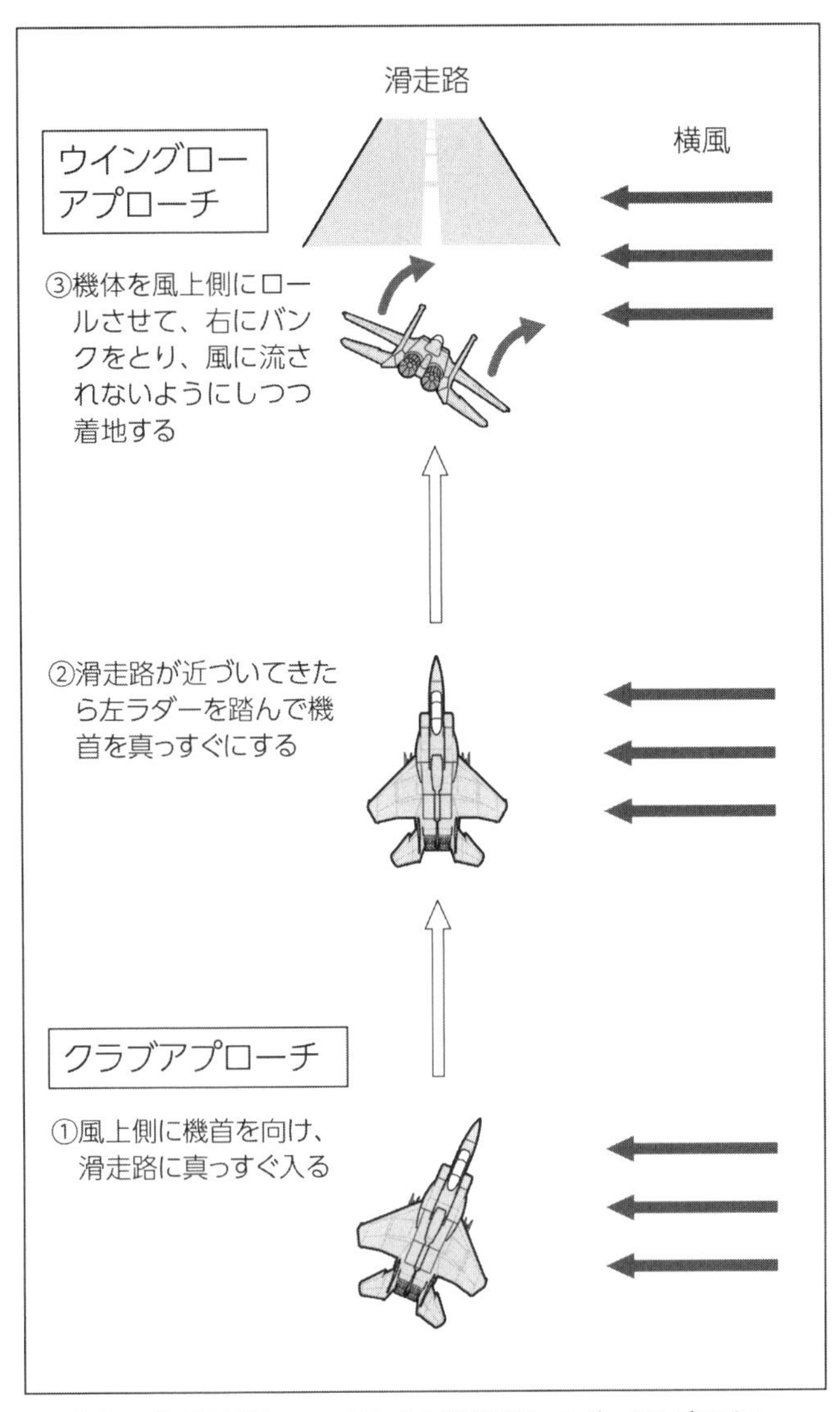

［図13-2］横風が吹いているときの着陸手順。まず、クラブアプローチで横風を相殺して真っすぐ滑走路へ入る。大型機などは車輪の向きを自動で調整するのでそのまま降りればよい。その他の機体は滑走路に着地する少し前にラダーを踏んで、機首を滑走路に対して真っすぐに戻す。ジェット戦闘機など推力がある機体であればこのままでも大丈夫だが、小型機などの場合は、着陸の直前にで風上側にバンクを取って（ウイングローアプローチ）、横風を打ち消しつつ着陸する必要がある。

までも機体を傷つけないように地面へと降ろすための補助装置でしかありません。なので、つくりとしては最低限の強度は持ちつつ、できる限り軽くて、車輪をしまうときにあまり複雑にならない機構がよいという設計思想にどうしてもなるわけです。

これが車だと地上を走るのがメインなので、タイヤなど足回りは非常に重要視され、時間と手間がすごくかけられています。ですが、航空機は割とそこには力を割かれていないのです。

◆ヨーイングで風を打ち消しつつ、バンクを取って接地

では、クラブアプローチのときはどうするのかというと、滑走路に降りる瞬間には機体を真っすぐにしなければいけないということになります。

実際、操縦をどうするかというと、（クラブアプローチの最中に）まずラダーは中立にしておきます。このラダーというのは垂直尾翼を動かして機体の左右の向きを変える、足のペダルのことです。垂直尾翼は中立状態にして、横風と自分の進む力の合力が滑走路に真っすぐになるように、自分の機首の方位を変えつつアプローチしていきます。

そして滑走路がいよいよ近づいてきたところで、機首を左に向けるために左ラダーを左足でギューっと踏みます。すると垂直尾翼が左にギュッと曲がります。

すると飛行機がグッと、ラダーを踏んだ左方向にヨーイング（機首が左を向く）を起こします。それによって機体の軸と滑走路の中心線が一致するわけです［図13-2］。

ここで問題は、横風の影響をモロに受けるようになることです。ここまでは横風と自分が進む方向を上手く合力して滑走路に対して真っすぐ進むようにしていましたが、ラダーを踏んで、機首を滑走路にそろえると、風で飛行機はいきなり左（風下側）に行こうとします。

そこでそうならないように、今度は逆に右に旋回をするように、エルロンで機体を右側に少し傾けます（ロールさせます）。この傾けることを「バンクを入れる」といい、このアプローチをウイングローアプローチと呼びます［図13-2］。

左足で左ラダーを踏んで機軸を滑走路に対して真っすぐにした後、風に流されないように右にバンクを取る、つまり操縦桿は右へ、足は左へというふうに、手と足が機体を互いに逆方向へコントロールすることになります。こういうコ

ントロールのことを、「クロスコントロール」といいます。

通常は旋回する方向のラダーを踏みます。右方向へ旋回するために右へ操縦桿を倒したら、右ラダーを踏みます。操縦桿を左に倒したら、左ラダーを踏むのですけど、この最後の接地前の段階では、左ラダー踏んで、操縦桿は右というクロスコントロールになります。

ここからは、〝そのまま〟最終的な接地のために、操縦桿を引いて機首を上げていく操作に入っていきます。返し操作ですね。

このとき飛行機は後ろから見ると、右に傾いた状態ですので、車輪はどうしたって右足から着きます。最初に右車輪、次に左車輪、最後にノーズの車輪を着けて、地上滑走しながらブレーキをかけていきます。

これが小型機の横風着陸です。

◆ジェット機の場合は最後のバンク取りは不要

次に大型機やジェット機の横風着陸方法です。大型機やジェット機と一概にいってもいろんな機体がありますが、例えば小型機の代名詞といっていいセスナから自衛隊で使っている戦闘機で考えてみましょう。

まずF-15だとどうなるかというと、考え方は基本的には一緒です。やはり風との合力が合うようにクラブアプローチでスタートします。

滑走路に入って接地直前にラダーを踏み、滑走路に対して機軸を真っすぐにするまでも同じですが、F-15の場合はそのまま着けてしまいます。バンクを取ることはしません。なぜならF-15は前に進もうとするスピードが非常に強いので、ベクトルでいうと前方に進む力に対して横風の成分が相対的に非常に小さいからです。

一方、セスナはそれほどスピードがないので、同じ横風でもF-15など戦闘機と比べると、影響はどうしても大きくなります。とはいってもやはりジェット機なので前に進むスピードが大きく、多少の横風では大丈夫です。なのでF-15と同じように、接地直前にラダーをちょっと踏んで機軸を真っすぐにして、そのまま接地させれば大丈夫です。

◆大型機の場合はＦＭＳが車輪の向きを調整してくれる

これがもっと大きい飛行機の場合にどうなるかというと、飛行機にもよりけりなんですが、車輪の向きが変わります。

横風に対してクラブアプローチを取るところまでは同じですが、大きな飛行機は自分がどの方向に進行しているのか、風に対してどれぐらいクラブアプローチの量を取っているのか、地面に対してはどのように軌跡を取っているのかを常にコンピュータが計算してくれます。

これはＦＭＳ（Flight Management System：飛行管理装置）とも呼ばれますが、地面に対してはどう進んでいるから、車輪をちょっとこっち向きに動かしておこうといった方向制御をやってくれます。

なので、極端なことといえば、そのまま接地させても車輪が折れることはありません。もちろん、ある程度ラダーで機軸を滑走路に対して真っすぐに着けたほうがより安全は安全です。ただし、この辺は飛行機によってかなり違いがありますので一概にはいえない部分はあります。

◆真っすぐに降りるには、視野を広く滑走路の先も見る

以上が横風着陸の手順ですが、そもそも横風の中、真っすぐに滑走路に降りることが難しいという意見もあります。つまりアプローチの際に、滑走路の中心線の延長線上に自分が乗っているのか、機軸が真っすぐであるかどうかをどう見ればいいかと質問されたこともあります。

これはアプローチの際に、自分が降りる地点しか見ていないことが原因です。これまでいろんな訓練生の方と飛行機に乗ってきましたが、着陸の経験がまだ数回から20回くらいといった最初のフェーズの方は、ほとんどの場合、自分が降りようとする滑走路の最初の地点しか見ていないのです。たぶん、滑走路のその先をたぬきが横断しようが、きつねが横断しようが気づきません。下手すれば、その先に飛行機が止まっていても気づかないくらい降りる地点しか見ていないのです。一つの場所（点）しか見ていないと、自分が滑走路の中心の延長線上に居るかどうかは実は分かりません。

簡単な数学の応用で考えてみましょう。ある地点に対し、あなたの飛行機は延長線上にいるかと尋ねられたら、どうで

しょうか。それが〝点〟だったらある意味どこにいても、延長線上に見えます。一点しか見ていないと、延長線上って無限に存在するんですね。

だからどういった見方をしなきゃいけないかというと、2ヵ所の点を結んで、その延長線上に自分がいるか、いないかを見ないといけないということです。

なので、滑走路の延長線上に自分がちゃんといるかを見るときは、自分が降りようとしている地点とその延長線上の地点の2つを交互に見る必要があります。この2つを見ることによって、滑走路の真ん中の延長線上に自分がしっかり入っているかが分かるわけです。なお、この真ん中に入る操作のことをアライン（ALIGN）といいます。

横風着陸は、クラブアプローチをすることや、最後にラダーで機軸を合わせることも重要ですけど、最も大事なことはこのアラインです。つまり滑走路のできる限り遠くから、滑走路の延長線上に自分をしっかり乗せることです。

その上で、乗った線上をずっと飛べるようにクラブアプローチを制御し、最後の接地時のラダー操作と風に流されないためのバンクの量も、自分が中心線上にいられるように調整することになります。

なので、滑走路に対して真っすぐアプローチできないと悩んでいる方がいたら、降りる地点の一点ではなくて、頭を少し後ろに引いて、できる限り視野を広く、遠くを見るようにしてもらうと、徐々に改善されるのではないかと思います。

これは車の運転も同じで、免許を取られたばかりの方で直線道路を真っすぐ走れない方がいるのですが、それも車のボンネットのすぐ前しか見ていないからではないかと思います。実際は遠くを見れば見るほど、安定して真っすぐ走ることができます。

◆バンクをとれる角度で横風制限が決まっている

横風着陸が上手になると、それこそ制限ギリギリの風でもきちんと滑走路の真ん中に降りられるようになります。

ただ、ある一定量の風が吹くと、クラブアプローチの傾きがとんでもない量になることもあります。例えば滑走路の真横から強い風が吹いているとすると、機首を滑走路に対して風上側に大きく振ってクラブアプローチすることになるからです。

このように機首を無茶苦茶なほど右に振ってアプローチした場合、ラダーをギューっと底付けするまで踏んでも、機首が滑走路に対して十分に正面を向かない可能性があります。横風が強いときは戻しきれないわけです。

もしくは戻せたとしても、風に流されないように右にバンクを強くとる必要があります。ある意味、ナイフエッジ（左右の翼が地面に対して垂直になるように90度ロールさせる機動）みたいな感じですね。


ただ、あまりにも傾けすぎると、メインのタイヤが接地する前に右主翼の翼端が先に着いてしまいます。なので、結局この横風制限というのは、ラダーで機軸をどれだけ戻せるかと、接地時に機体を傾けた際に翼端が接触せずにメインギアから接地できるバンク角から計算されています。この角度を超えない風が横風制限になっているということです。

もちろん安全周り（バッファ）が少し取ってありますので、機体の性能的にはどんなに横風が吹いていても飛べることは飛べると私は思います。実際、そういった悪条件で飛ぶこともありますから。

ただ、着陸という一つのフェーズを見たときに、その飛行機が持っている操縦装置でどこまで機体を真っすぐに戻せるか、そのときに翼端が接触しないかといった点から、総合的に横風制限は決まっていると思ってください。


一般的に垂直尾翼が大きいと、風見効果といって風上側に向きやすくなります。しかし、かといって、垂直尾翼を逆に小さくしてしまうと、失速のときの方向安定性が非常に悪くなります。飛行機はこういう相反する要素を上手く織り交ぜながら、機体の大きさや構造、操縦装置の動く量や舵角、いろんな制限が決まっているんだなというふうに理解していただければいいかと思います。

実際に飛ばれている方にとっては、横風着陸が大体最後まで難関です。最初の単独飛行（イニシャルソロ）に出るとき、横風の強い時期に出た方と、横風のほとんどない時期に出た方ではやはり技量にどうしても差が出てきます。

こればっかりは理論で分かっていても、体と手を動かして感覚で分からないとできないので、ある意味、場数がものを言うとこもあります。もし今、実機で練習されている方がいらっしゃったら。横風は嫌だなと思わずに積極的に頑張っていただければと思います。

第14話　なぜベテランでもバーティゴに入ってしまうのか――航空医学①

◆「空間識」とは空間に対する認識

今回は、空間識失調(くうかんしきしっちょう)（バーティゴ）についてお話をしたいと思います。

みなさん、「バーティゴに入った」という言葉を聞いたことがあるのではないかと思います。なぜか、「空間識失調に入った」という言い方はしないんですけど、バーティゴは入ったとか入るとか、人間が陥る状態のことになります。

漢字からも分かるように、空間識を失ってしまう状態です。これは地上で普通に生活している分には、まず入らない状態ですね。バーティゴシミュレーターとか、そういった特殊な条件下でない限りは、普通に生活している限り感じることはありません。

この普段は感じることがないという点が、逆を言えば非常に危険な症状になっていきます。まず、この空間識とは何ぞやというお話です。

みなさんは通常、物体を3次元で捉えています。3次元とは、モノに対して横幅と奥行きと高さですね。紙に書くものは、どうしても高さと横幅しかありませんから、2次元と言っています。昨今、ニュースで2次元オタクがどうこうとよく言われていますけど、要は紙に書いたものや、テレビやパソコンの画面上のものは2次元です。

それに対してみなさんが生活されている世界は3次元です。これは結局、自分からものを見たときに、距離や傾き、大きさ、そういったいろんな情報を常に3つの次元で捉えているということです。これを別の言い方をすると、空間を認識しているといいます。

例えば、今私が立っているところから家の壁まではどれくらいの距離があるとか、反対側の壁はもっと遠い距離にあるとか、四角い立方体のある一点に自分が立っているといった、空間に対する認識を総称して「空間識」と呼ぶわけです。

この空間識を失調するという状態は、結局自分がどこでどうなっているのか分からない状態になります。

例えばみなさんが電車に乗ってスマートフォンを見ている場合、電車という乗り物の椅子の上に座っていることを認識できているはずです。立っているにせよ、座っているにせよ、自分の足元が水平であるといった認識を持っていると思います。要するに、常に自分の姿勢を無意識にコントロールしつつ、その空間識が役に立っているわけです。

失調というのは、それがまったく分からなくなる状態です。

◆水平感覚が分かるのは筋肉と耳からも情報を得ているから

みなさんは自分の体が水平であるという認識を、どのように思っていますか？　いきなりこんなことを聞かれても、「は？」と思われるかもしれませんが、例えば体を前に傾けたら、「今、前に傾いてるんだな」と分かると思います。

これはどうやってその情報を得ているとお考えでしょうか？　一つは目です。

でも例えば目をつぶっていても、体が前に傾いているとか、体を自分で曲げていることは分かるよと思われるかもしれません。

目をつぶっていても分かるのは、実際にはさらに2つの情報が入っているからです。

一つは耳の中にある平衡感覚をつかさどる器官と、もう一つは自分の体や筋肉で体を前に曲げているから「体が前に曲がってるんだな」と認識できるわけです。

では、もしその機能が、ある条件下で効かなくなった場合はどうなるでしょうか。体を少し前に傾ける動作ではどうしても筋肉が動きますので、筋肉から情報を得てしまいます。

しかし、例えば自分が立っている床板が単に傾いたような場合、そしたら自分は真っすぐ立っているつもりでも、体は傾くはずです。これを感知するのは、筋肉からの信号ではなく、視覚や耳からの信号です。目をつぶっていれば、耳からの信号でしょう。

実は人間は、水平感覚の情報のほとんどをまず目に頼っています。嘘だと思う方は、今その場に片足で立って目をつぶってみてください。途端に片足で立つのが難しくなるのではないかと思います。自分の体の平衡やバランスについての情報は、ほとんどの場合、視覚から得ているため、片足立ちは目を開けていれば簡単にできますが、目をつぶると途端に難しくなってしまうのです。

◆平衡感覚を支えている耳の2つのセンサー

フラフラする自分が分かるかと思いますが、それでもなんとか平衡は保てると思います。ちなみに航空身体検査では、これで30秒間立っていなければなりません。

目をつぶった状態でも片足でなんとか立っていられるわけは、実は耳から情報を得ているからです。そしてこの耳が、空間識失調に大きく影響を及ぼします。

耳の中には2つのセンサーがあります。

一つは、鼓膜の内側にある耳石（じせき）という器官です。これは概念的に説明しますと、細かい毛の上に石が乗っかっているようなものです。

もし体が左方向にグッと進んだ場合、慣性の法則で石はその場に留まろうとしますが、毛の部分は左に進もうとするので、グイッと逆の右方向に傾くわけです。そこでこの毛にかかる力が分かれば、体がこっち側に行った、後ろにどのくらい進んだという情報が分かることになります［図14-1］。

なのでこの耳石は加速度、つまり体がどっちにどのくらい進んだかを測定しています。要は加速度センサーであり、Gセンサーです。

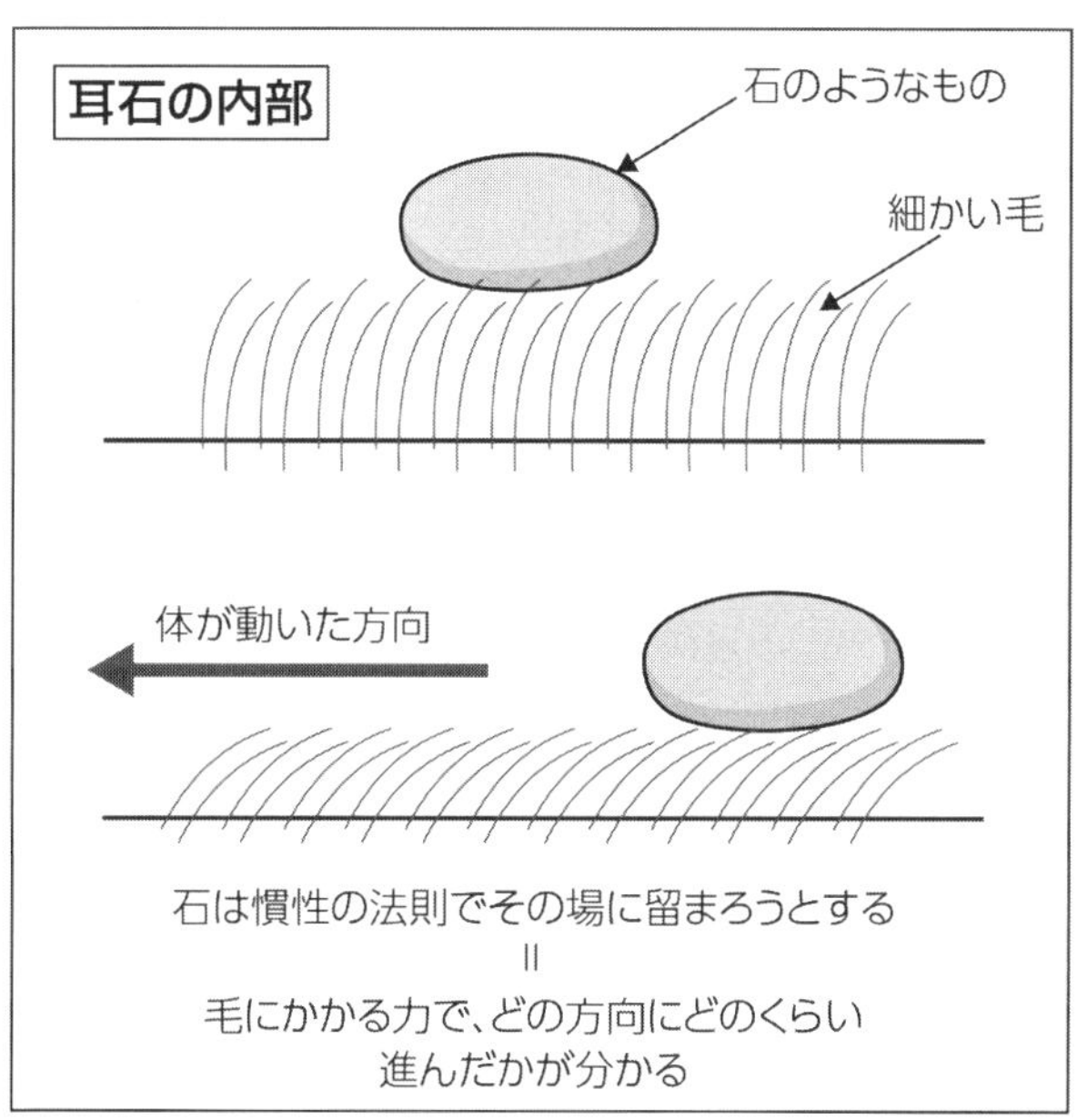

［図14-1］耳石センサーの仕組みを概念的に説明した図。

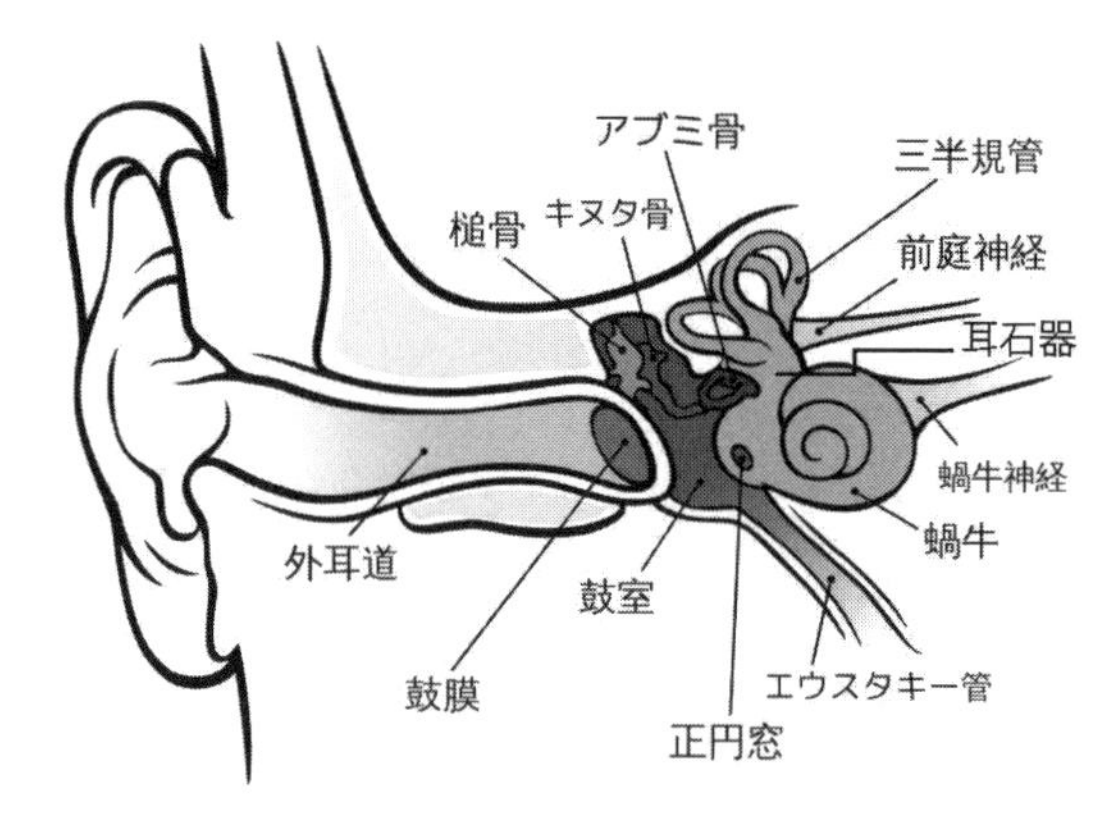

［図14-2］耳の構造（イラスト：Chittka L, Brockmann）。

もう一つのセンサーは、たぶん聞かれたことがあると思いますが、三半規管（さんはんきかん）です。三半規管はその名の通り3つあり、輪っか状のものが奥行き側、横幅側、縦側の3軸に付いています［図14-2］。

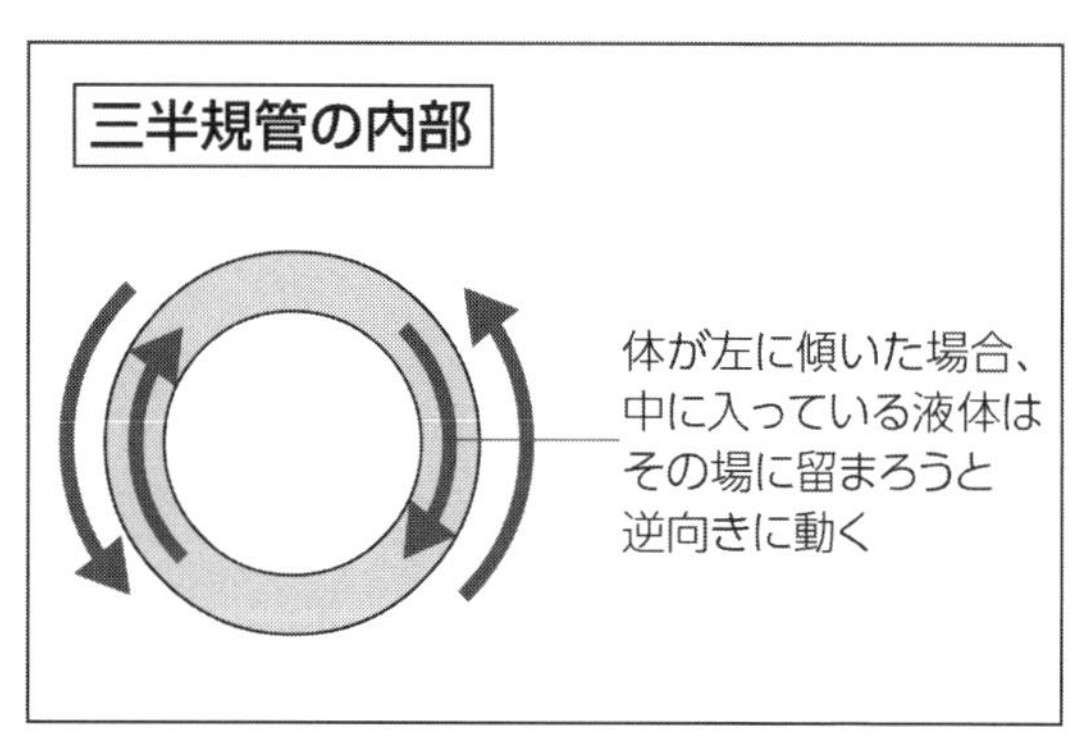

［図14-3］三半規管センサーの仕組みを概念的に解説した図。

このリング一つひとつの構造は、ちょっと細めのドーナツ状になっていて、中には液体が入っています。そして中に感知センサーがあるのですが、便宜上ここでは毛のようなものが生えていると考えてください。

この輪っかを例えばグルッと左に回した場合、どういうことが起きるかというと、先ほどの耳石と同じ仕組みです。中に入っている液体はその場に留まろうとしますが、外側の三半規管の輪っかだけが動こうとしますので、慣性の法則で液体は逆の右向きに動きます。そしてその動きを毛のようなセンサーが感じ取るわけです［図14-3］。

これによって何が分かるかというと、「角速度（angular velocity）」が分かります。角速度という言葉はあまり聞いたことがないかもしれないですが、数学や物理の世界ではωという単位で表されます。ある一点が動いたときに、単位時間あたりどれくらい回転したか、それを度数で表したものを角速度といいます。例えば1秒あたり30度とか、そんな表現をすることが可能です。

これが3方向に付いているということは、体の前後、左右、上下といった3軸に対して、常に角速度が測られていることになります。バーティゴが発生するのは、加速度を測る耳石と角速度を測る三半規管のエラー（というか騙されること）によって生じます。

◆三半規管は一定の速さ以上の動きしか感知しない

具体的にどういうエラーが起きるのか、ちょっと考えてみましょう。耳石も三半規管の中の液体も、ある一定以上のスピードで動くときは反応しますが、非常にゆっくりとした変化の場合には慣性の法則の関係上、一緒に動いてしまうため感じることができません。

何を言っているんだコイツは!?　と思ったかもしれませんが、先ほどの三半規管の原理（中に液体が入っている輪っかを動かしたとき、慣性の法則で液体が反対方向に動き、センサーで角速度が分かる）では、この輪っかを非常にゆっくり動かした場合、慣性の法則が働かず、中の液体も一緒にゆっくり動いてしまうわけです。そしてその場合、実際には体は動いているんですけど、センサー上は動いていないことになります。

このため、こんなことが起きます。椅子に誰かを座らせて、右に傾けていく操作を非常にゆっくりやっていきます。ゆっくりとは三半規管が反応しないスピードです。ある一定角度まで傾いた後、今度は反応するスピードでグッと左に回し、水平に戻します。

まず三半規管は、ゆっくり傾いていっているときは分かりません。水平だと思い込んでいます。そしてグイッと戻した瞬間に、戻した方向に傾いていると判断します（実際は水平の状態です）。要するに、グイッと戻したときにだけ三半規管が反応しますので、自分の体の中では左に傾いているように思い込みます。

水平状態からちょっと傾いた時点で普通は分かるので

は？　と思ったかもしれません。そこで目と体の話です。

目から情報を得られている間は、水平線（基準線という言い方をします）に対して自分が水平であるかどうかを、目によって非常に僅かな傾きであっても無意識に測っています。なのでゆっくり動かされたとしても、徐々に傾いていることは分かります。

ところが目をつぶったら、その情報が得られなくなります。

◆荷重の感覚では水平かどうかは分からない

目からの情報がなくても、体が傾いたらどちらかが重くなるので分かるのでは？　と思われるかもしれません。はい、それは分かるかもしれません。

ところがこういった状況があります。飛行機は曲がりたい方向に機体を傾け、バンクをとって曲がります。このときの揚力と重力の配置は、重力は水平線を基準に真下、揚力は真上、遠心力は水平線沿いの旋回する反対側に働きますので、最終的に乗っている人への荷重（G）は鉛直方向（機体基準の真下）にしかかかりません［図14-4］。

要するに、飛行機で水平旋回、降下旋回、上昇旋回をしているときは、どんなに傾こうが基本的に機体基準の真下方向（パイロットの真下）にしかGはかからないのです。

言い換えれば、航空機のような3次元的な動きをする乗り物で、ゆっくり機体を右に傾けていって、突然スッと左に回して水平に戻してあげると、中に乗っている人は左に傾いて

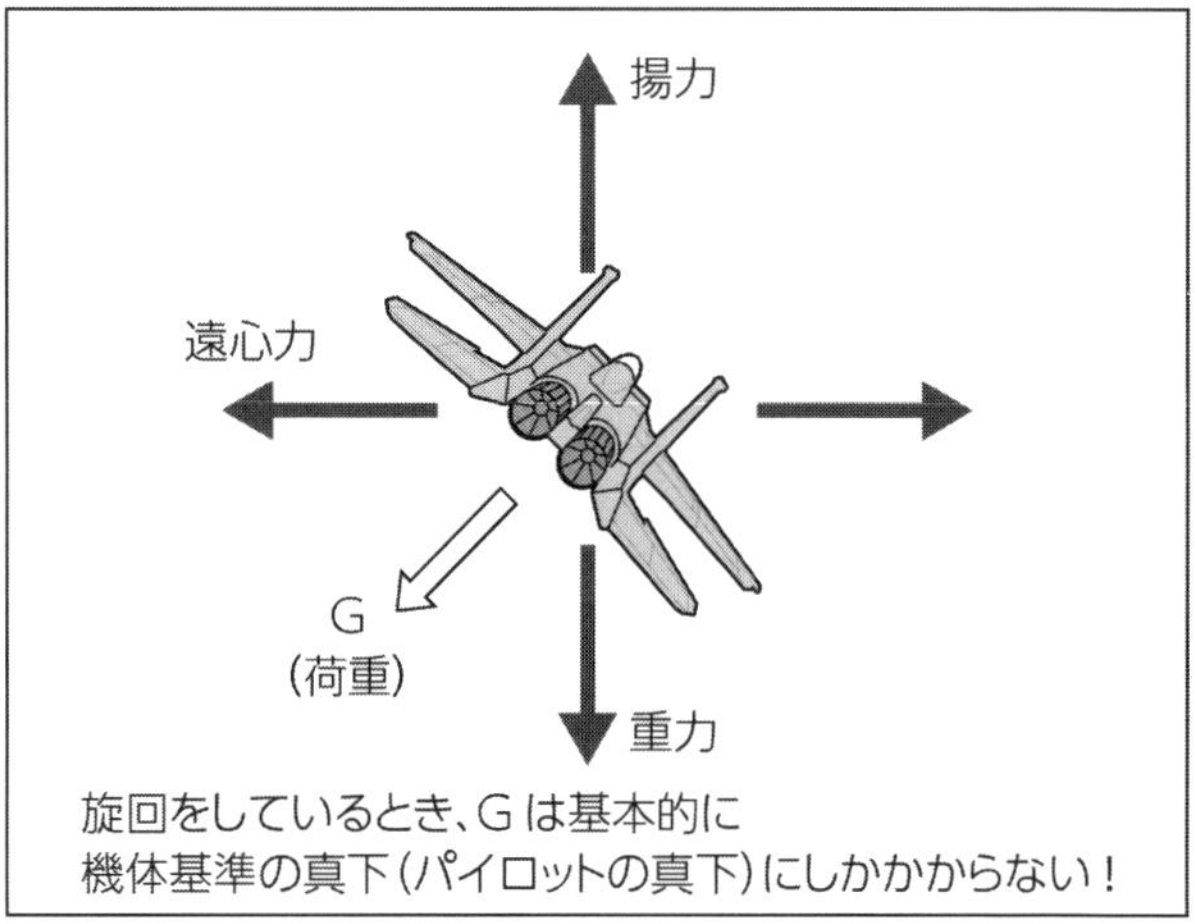

［図14-4］飛行機が機体を傾けた（バンクをとった）際に発生する力。

いるような感覚をずっと覚えます。要するに、遠心力も一緒に邪魔してくれるわけです。

これによって、飛んでいる航空機の実際の姿勢と、乗っている人の感覚上の姿勢が異なるという状態が生じます。飛行機は水平だけど、乗っている人は左に傾いたままという感覚を持つわけです。これがバーティゴです。

◆バーティゴのとき、初心者ほど自分の感覚を優先しがち

みなさんがパイロットで、外はＩＭＣ（instrument meteorological condition：計器気象状態）と呼ばれる真っ白な雲の中だったり、もしくは夜だったりして、計器盤しか見ることのできない（計器に頼って飛ぶしかない）状況下だとします。そのとき機体をゆっくり傾けていって、フッと戻したとします。そうすると、自分で操縦しているにも関わらず、「あれ？　俺、今ちょっと左に傾いてんのかな？」と感じます。

そこで計器盤（姿勢指示器［Attitude Indicator：ＡＩ］）を見ると、水平と表示されています。ここで葛藤が始まるわけです。航空機の計器は水平なんだけど、自分の感覚は左に傾いている、どっちが正しいんだ⁇　という世界になってきます。

ここでパイロットとして経験の浅い人ほど、自分の感覚を優先する傾向があります。でも、これは仕方ありません。今まで地上で生活してきたなかで、自分の水平感覚が現実と異なるという体験をしていませんから、どうしても自分の感覚が最優先になります。

そこで左に傾いている気がするから、自分の感覚でエイヤーと水平にしようとすると、当然、計器盤は傾きます。実は計器盤のほうが正しいのですが、ずっと傾いたまま飛ぶことになります。

そして無論、機体が傾いている（バンクをとっていること になる）ので旋回していくことになり、ヘディング（方位）は変わっていきます。そこで「ヘディングが変わっている。おかしい……。今、水平にしているはずなのに……」と自分の中で疑心暗鬼が生じてきます。

要するに、空間識失調を引き起こすのは人間のセンサーで、主に耳です。耳に入っているセンサーが感知できないスピードで航空機が変化した場合と、感知できるスピードで変化した場合が複雑に組み合わさって、自分の思っている姿勢

と航空機の姿勢が異なる状態になることが空間識失調の正体になります。

このバーティゴに入るというのは、人間のセンサーの構造上どうしようもない部分になりますので、ベテランだろうが、素人だろうが入ります。俺はバーティゴに入らないんだって人がいたら、それは嘘です。誰でも入るのです。

バーティゴの怖いところは、経験の浅い人ほど、どうしても自分の体の感覚で操縦してしまうことです。嘘と思われるかもしれませんが、バーティゴによって水平だと思っていたら実は背面だったとか、90度ぐらい傾いている気がするんだけど実は水平だったとかいう経験をしたパイロットは実はいっぱいいます。

これはエアラインの旅客機パイロットだろうが、自衛隊の戦闘機パイロットだろうが、関係ありません。ヘリコプターも同様です。飛行船は乗ったことがないので何ともいえないのですけど、基本的にすべてのパイロットが経験することで、自分の感覚に任せて操縦してしまうと、最悪の場合は墜落事故にもつながる非常に怖いものです。

実際に年に数回、原因がバーティゴじゃないかと思われるような航空事故というのは何件も起きています。それぐらい怖いものです。

◆バーティゴに入ったら、計器を信じる

では、バーティゴに入ったら、どうしなければいけないのでしょうか。

まずバーティゴに入ったら、自分がバーティゴに入ったという認識を持つことがまず大事です。バーティゴそのものに入ることは決して恥ずかしいことではありませんので、ごく普通のことだという認識を持つことです。このように言うのは、頑なに自分がバーティゴに入ったことを認めない方も実際にはいらっしゃるからです。

バーティゴに入ったら素直に認めて、もし他に操縦できて、バーティゴに入っていない人がいるなら、その人に操縦を代わってもらってください。実際に、

「あーごめん、ちょっと今バーティゴに入ってるみたいだわ。ちょっと操縦代わってくれない？」

「いいですよ」

というやりとりは普通に私もありました。

でも、もしパイロットが一人しか乗っていない場合はどうすればいいでしょうか。その場合は、計器を、姿勢指示器を信用してください。そして計器飛行に移してください。

バーティゴに入る要因は、まず第一には視覚情報、目から得られる情報がないことが一番大きいです。目でパッと外が見えれば、一瞬のうちにバーティゴは回復しますし、そもそもバーティゴに入りません。

なので、速やかに計器で姿勢を確立して、高度を変えるか針路を変えて、水平線もしくは地面の見えるところにまで飛行する、というのが基本的な手順になります。

ただ、その間は非常に苦しいです。自分の感覚と実際の航空機の姿勢が違うときに、計器を信頼して飛ぶのはすごいストレスになります。実は計器が狂っているんじゃないか？　といった疑心暗鬼に何度もかられます。変な脂汗がジトーっと出てきて、背中に汗が流れるような何とも言えない感覚が5分、10分、場合によっては1時間とか続くことになります。

◆アトラクションはバーティゴの原理を利用している!?

ここからは余談になります。悪の権化のように言われがちなバーティゴですが、これを利用してみなさんを楽しませている物も実はあります。

それは東京ディズニーリゾートとかユニバーサル・スタジオ・ジャパンといったテーマパークにある乗り物です。あまり具体的に言うことは避けますが、宇宙船をイメージした四角い乗り物の中の椅子に座って、前のディスプレイを見ながら宇宙旅行をするといったアトラクションがあったと思います。

その宇宙船は出発！　となったときに、席がガコンと動いてダーッと前に出発します。座っている人には前にまるで進んでいるかのように感じると思うのですが、実際には進んでいません。

あれは耳石の錯覚を利用しています。あの乗り物は下に6軸モーションの油圧パイプが付いていて、前に一瞬だけゴンと動かします。動かす量は10とか15センチとかですが、スピードが重要です。つまり、耳石が十分に反応するだけのスピードでゴンと前に動かしているのです。

ドンと前に行く振動が出ますので、みなさんは進んでいると思うんですが、その後ジワーッとゆっくりとまた元のポジションに戻します。すると後ろに下がっている情報はみなさんの耳のセンサー、つまり耳石には届かないわけです。なので、ずっと（！）前に進んでいるように感じるわけです。

他にも、乗り物が急降下するシーンがあったと思います。その際、ほぼ真下、80度とか90度近くで急降下していると感じたのではないかと思います。ウワーッと思ってグッと手すりを握りしめた方や、足で踏ん張った方もたぶんいらっしゃると思います。

でも現実は、席はたぶん30度も傾いていないと思います。なぜあんな真下に落ちているように感じるかというと、先ほどのバーティゴの原理と逆の現象です。人間は目から情報を得られていればバーティゴに入らないと先ほど言ったと思いますが、これはその原理を逆手に利用しています。

90度近い角度で落ちる映像を流すのと同時に、乗り物を15度とか30度といった僅かな角度でガッと下に降ろしてあげます。すると耳のセンサーは急激な角速度の変化を感じ取って、ドンと下に動いたという認識を持ちます。それに加えて映像が90度近く真下を向いていると、人間は本当に真下に向かって降下しているように感じてしまうのです。

一般的に、角速度と加速度を得る耳のセンサーからの情報は、目から得られる情報よりも若干スピードが遅いものです。その辺を実に上手く利用して、みなさんを楽しませているのが、あのアトラクションなのです。

さらに余談になりますが、東京ディズニーランドに真っ暗な中を走るジェットコースターがあったと思います。なぜあのジェットコースターが明るい外を走るジェットコースターよりも怖く感じるかというと、これも同じ原理です。

もちろん単純に視覚情報が得られないと、次にどちらに曲がるか分からないので怖いという部分もありますが、もう一つには視覚を制限されると、体は耳で感じる加速度や角速度だけで自分の状態を判断しようとするので、余計に怖く感じるのです。

嘘だと思われる方は外が見える普通のジェットコースターで目をつぶって乗っていただきますと、怖さが倍増しますので、ぜひお楽しみください。

第15話　G（重力加速度）は実際どのくらいきついのか――Gと航空力学

◆地上でもGがかかる瞬間は存在する

今回は「G」についてお話ししたいと思います。Gといっても台所とかに出てくる茶色い生物ではなく、Gravity のG、つまり重力加速度についてです。

Gというと戦闘機パイロットの世界の特殊なものだと思われるかもしれませんが、一般的な日常生活の中でもGを感じるときは実は割とあります。一番多いのはまずは乗り物ですね。バスとか電車などに乗ってカーブを曲がるとき、外側に振られるような力を感じると思います。

遠心力と通常言われているのですが、航空機の場合は旋回の特性上（機体を傾けて旋回するので）、遠心力はそのままGだと考えてもいいのかなと思う状態があります。

あと、遠心力はどちらかというと外側に振られるようなかかり方ですが、真下というか鉛直方向にかかるものとしては、エレベーターがあります。エレベーターが上がっていくときは上からグーッとちょっと押し付けられるような、エレベーターが下がるときは自分がフッと浮くような感覚を受けると思います。

航空機の場合は、基本的にGはアクロバット飛行などをしない限りは基本的に真下にかかります。戦闘機だと例えば9Gなどです。レッドブル・エアレースなどの曲技飛行の場合は10Gとか、場合によっては15Gといったがかかると聞いたこともあります。

◆Gはどんなときに発生するのか

では、G、つまり重力加速度はどんな原理で発生するのでしょうか。

空を飛んでいる状態の飛行機を上に引っ張っているのは

揚力です。ＬＩＦＴ（リフト）と呼びます。下方向にかかる重力は、地球に引っ張られる引力プラス自分の重さです。簡単に言えば自分の重さなんですけど、WEIGHT（ウェイト）と呼びます。

このWEIGHTに釣り合うだけのＬＩＦＴを持っているので、飛行機は空中で水平飛行していられるという原理です。

これはあくまで真っすぐ水平に飛んでいるときの状態ですので、このときのＧは地上にいるときと変わりませんから１Ｇです。みなさんが地上に立っているときと同じ状態のＧです。

これが旋回するとどうなるでしょうか。飛行機は例えば左に旋回するとき、機体を左に傾けます。それでも重力（WEIGHT）は相変わらず地球の中心に向かって働きますので、鉛直方向に働きます。

重力に釣り合うだけの揚力（ＬＩＦＴ）があったのですが、飛行機が傾くことによって、揚力の方向が機体の垂直方向の上側（図では右上の白矢印）へと変わってしまいます。

しかし揚力は翼の形状が変わらない以上は、（揚力の）量は変わりませんから、ベクトルの長さは同じままで機体の垂直方向の上側にきます。これを鉛直方向（垂直分力とか水平分力とも呼ぶ）で考えると、重力に対して揚力がA'の分だけ足りなくなります［図15-1］。

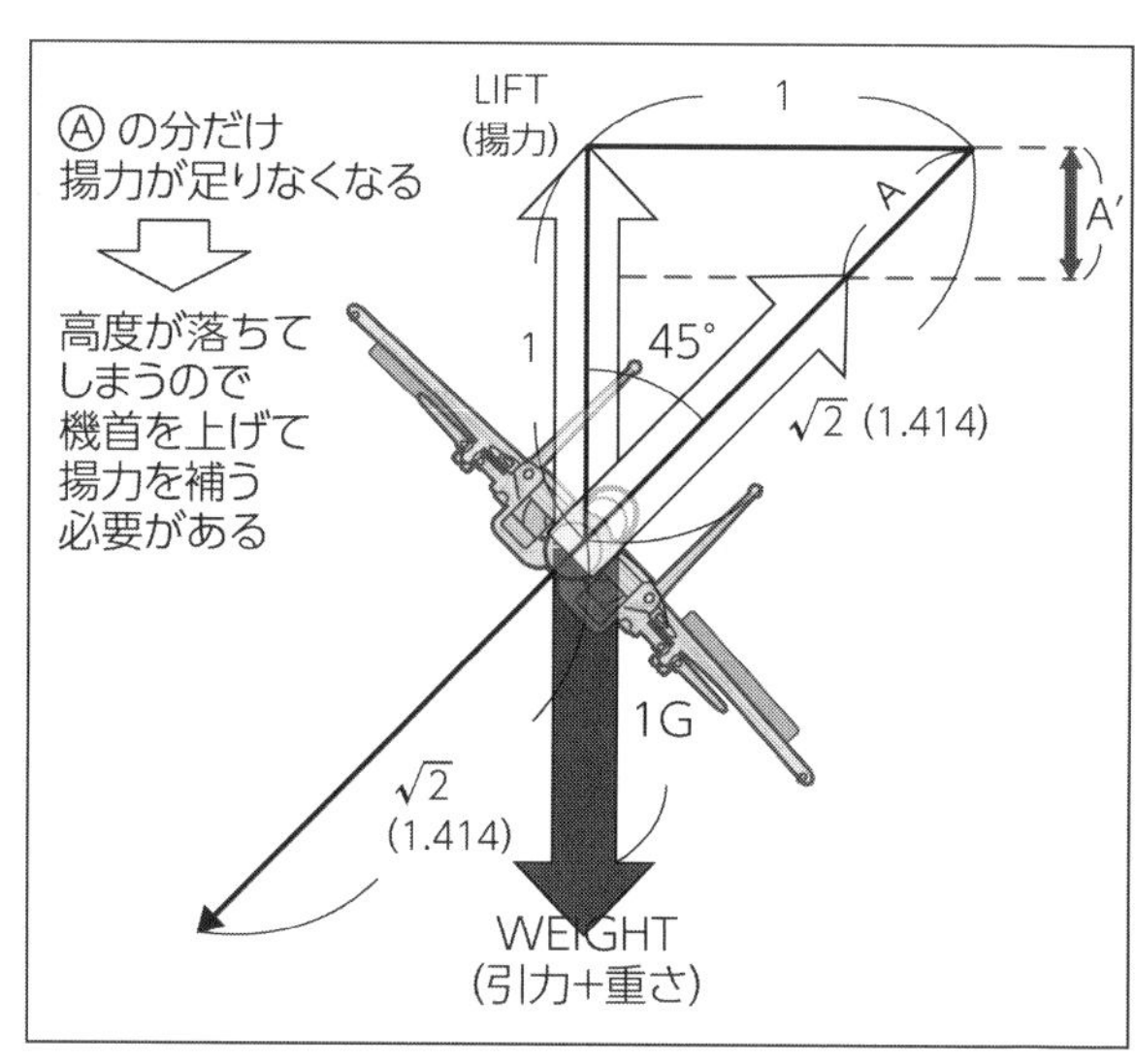

［図15-1］45度のバンクを取って水平旋回した場合、機体を左に45度傾けたために、引力と重さ（下方向へ長さ）と均衡する揚力が垂直方向にはA'分（揚力としてはA分）だけ足りないことになる。そのため、機体は高度を維持できず、左下方向へ落ちていくこととなる。

このA'分だけ揚力が足りなくなるとどうなるかというと、

旋回しているうちに、高度がどんどん落ちていってしまいます。自分のWEIGHTに負けて、水平旋回ができなくなってしまうということです。

ですから水平旋回させるためには、A'の分の揚力を補うために、機首をちょっと上げる必要があります。つまり、翼に空気の当たる角度（迎え角）をちょっと増やしてあげて、揚力をちょっと増やしてあげるのです。

◆迎え角で揚力を補った分だけGが増える

揚力をどれくらい増やす必要があるとかいうと、足りなくなったA'分です。これだけ足りなくなった分を増やすために、機首をちょっと上げてあげる。

すると、今まで1Gの状態で飛んでいて、バンクを入れた瞬間も1Gだったのですが、機首をグッと上げることによって、この力の反対側の力が生起します。これを反力というのですけど、これがGだと考えてもらえば結構です。

実際どれぐらいの量がかかるかというと、例えば45度のバンク時だとして、通常の重力のGに対する分に、新たに必要となったAの分を足したものなので、水平時の揚力と傾けたときの揚力で結んだ三角形の長辺分となります。そして三角形の3辺の長さは、図のように1：1：$\sqrt{2}$になります。長辺の長さは$\sqrt{2}$、つまり約1・142なので、要するに大体1・14Gがかかるということになるわけです。

よく戦闘機なんかでは9Gがかかるといいますが、一体どれぐらいのバンク角のときなのかと逆算しますと、約83度になります。ほとんど真横（主翼が水平方向に対し垂直）ですよね。

ですので航空祭とかエアレースで、飛行機が地面に対してほぼ垂直になって旋回しているときは、パイロットにはほぼ9Gとか、もしくはそれを超えるようなGがかかっていると言えると思います。

また、この原理は通常の旋回だけでなく、宙返りのときも同じようにかかります。宙返りするときも、結局は揚力と重力はずっと釣り合った状態になります［図15-2］。

ただ、例えば頂点で背面になったときは揚力と重力の方向が一緒になり、地面のほうへかかることになります。この2つの力と釣り合っているのは、円を描くことで発生した遠心力です。遠心力は回転する力に対して常に外側にかかることになります。

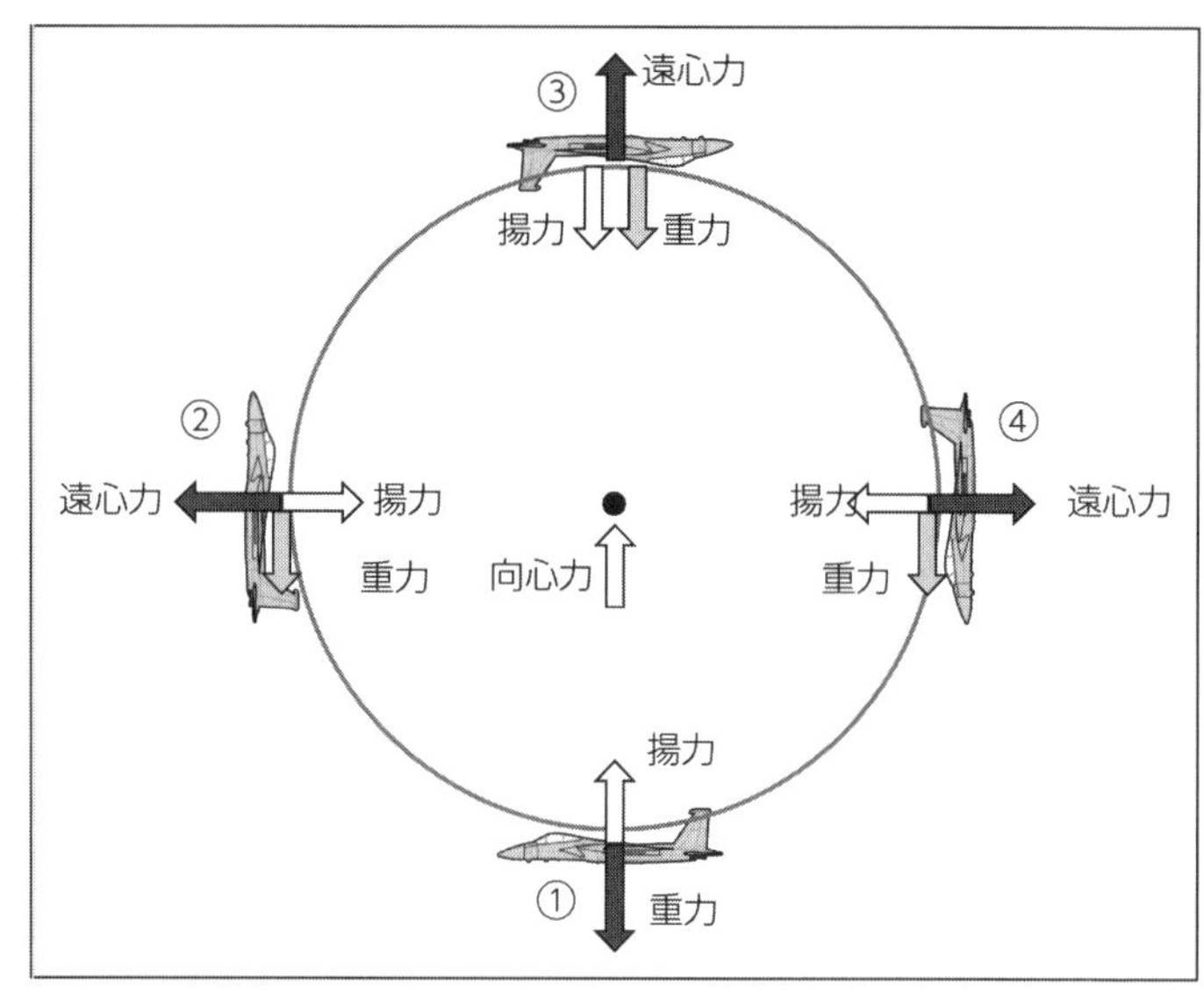

［図15-2］宙返りをする際、各位置で力がどのようにかかるかをまとめた図。①〜④それぞれの位置で、飛行機を外側に飛ばさないための向心力は揚力が担っている。

一方、本来であればグルッと回るとその遠心力で円の外側に行ってしまうはずなのですけど、中心からずっと距離を保っているということは、この飛行機を外側に飛ばさないための力がかかっているということです。これを向心力と呼びます。この向心力が揚力に該当するので、(揚力で機体が)中心に向かうようになっています。

実際は、航空機にもよるのですが、大体宙返りする場合にかかるGは4Gぐらいです。①から②へ行く地点で4Gぐらい、頂点③のときは重力も手伝ってくれますから、1G分ほど減って3Gになります。④から①に行くときに再度4Gに増えます。つまり、これだけGの変化がありながら、丸い円が描かれるという不思議な現象が発生します。

◆Gは体の各部位に万遍なくかかる

実際このGがかかると、パイロットはどうなるのでしょうか。地上では1Gなので、みなさんは自分の体重を自分の足で支えていると思います。

例えばこれが2Gになると、(自分の体重が) 倍になります。要するに自分の上にもう一人の自分が乗っかっているっていうイメージです。これが9Gになると9人 (!) が乗っかることになるわけです。仮に自分の体重と同じ人が

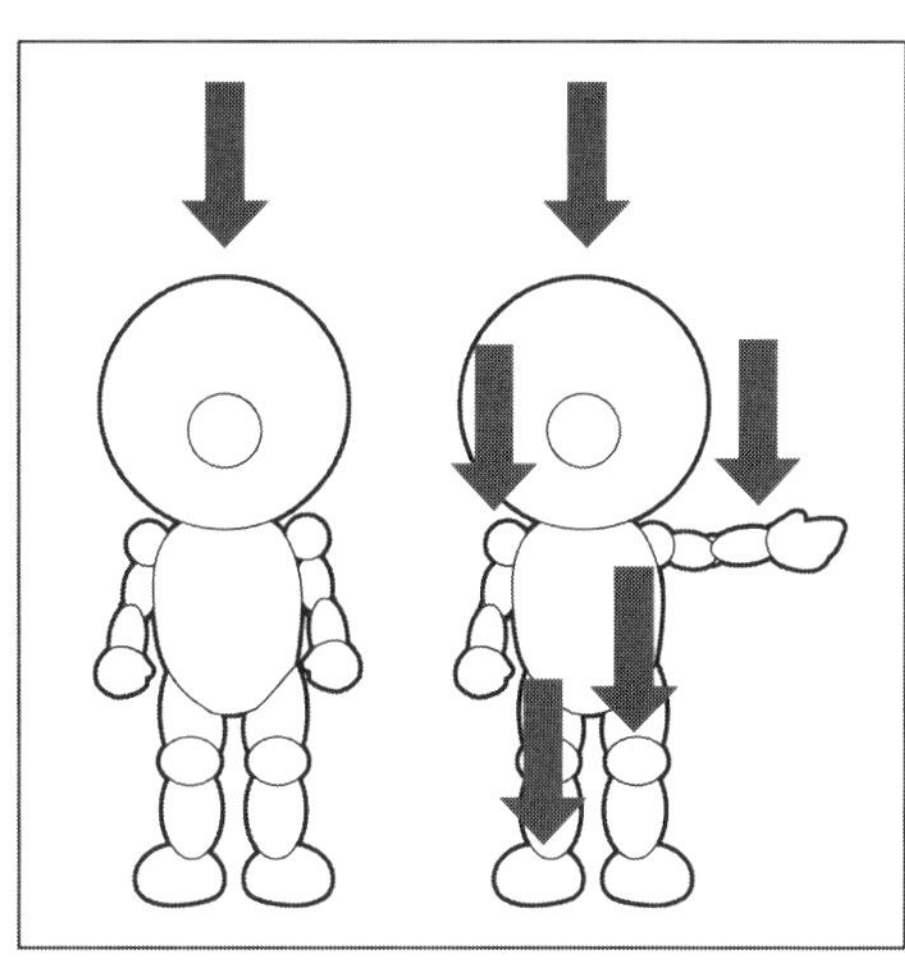

［図15-3］Gがかかると聞くと、多くの人が左イラストのように上から体の一点にかかってくるようにイメージされるが、実際には右イラストのように体すべてに万遍なくかかってくる。

肩車で8人乗ってきたら、たぶん潰れてしまいますよね。でも現実は潰れないんです。

みなさんはGがかかると聞くと、一点にかかってくることをイメージされるのではないかと思います。ただ実際には、Gは体の部位すべてに万遍（まんべん）なく全体的にかかります。頭にもかかるし、肩にもかかるし、太ももにも、足の甲にもかかります［図15-3］。

例えば腕を真横に上げたとして、これが1Gの状態ならば、肩の筋肉で支えられると思います。しかしこれが9Gになると、9倍の力で支えてあげないと腕を水平に保つことができません。Gで手が勝手にガーッと下がってきます。普段なら3キログラムくらいの力で上げられているかもしれないのですけど、9Gがかかると18キログラムの力で支えないと支えきれなくなります。

◆視野狭窄→グレイアウト→G-LOC

先ほど、Gは体すべての部位にかかるといいましたけど、実は体の中身、内臓にも同じ力が加わってきます。心臓にも9Gがかかって、心臓が9倍の重さになります。さらに心臓から流れ出てくる血液、例えば脳やお腹、足に行く血液にも、それぞれ通常の9倍の9Gの力がかかってきます。

この場合、体の下へ行く場合はGと同じ方向です。上に行く場合はGの方向と逆になります。ということは、上に送られる血は行きにくく、下に送る血は非常に行きやすくなるという体内の現象が発生します。

すると、普段は万遍なく体中に血液が送られているはずですが、Gがかかったことで、自分の心臓より下の部分の血液量が増え、心臓から送られる分だけではなく、元々血管の中にあった血液もGによって下へ下へと溜まろうとします。逆に、頭にはどんどん血が行かなくなっていきます。するとどうなるかというと、まずは視野が非常に狭くなっていきます。

みなさんは普段、真横90～110度、狭くても85度ぐらいまでの範囲を視野として持っているのですが、この視野が徐々に狭くなっていきます。これを「視野狭窄（きょうさく）」と呼びます。

脳に血が行かなくなった結果、脳とか目に不具合が出てくるわけです。だんだんと視野が狭くなってきて、やがて画面がモノトーンに、白黒映画みたいになります。これを「グレイアウト」といいます。

その後は完全に視野がフッと喪失してしまいます。平たくいえば、失神です。この失神を、Gによる失神ということで「G-LOC（Loss of Consciousness by G-force）」（別名：ジーロック）といいます。

◆G-LOCからの回復直後は意識が朦朧となる

この意識が喪失した状態がいつまで続くかというと、Gがかかっている間はずっとそのままです。なぜなら頭に血が戻ってきませんから。

ところがGが抜けてきますので水平飛行とかになると、また心臓から血液が上に上がってきますので、元の状態に戻るわけです。元の状態に戻るときは、フワーッとだんだん意識が戻ってきます。夢から覚めるような感じです。

ただし問題は、意識喪失してから脳がある一定期間、処理をしていないことです。なので、戻った直後は「あー、あー」みたいな、寝ぼけたような状態です。

私も実際G-LOCに入ったことがあります。訓練ではなくて、実際飛行機に乗っているときです。そのときはたまたま後席に先輩が乗っていたので、先輩が操縦を代わってくれて、海に突っ込むといったことはなかったのですが、非常に危ない状態でした。

実際、G-LOCから回復してしばらくは、夢見心地でコクピットにいる状態です。前をボーっと見ながら、「あー、俺はなんで今空を飛んでいるんだろう、なんか天気いいなー」と数秒間思った後、「ハッ」と我に返って、「俺、今飛んでるんだった！　○○○の訓練やってるんだった！」とバッと操縦桿を持った記憶があります。

そのとき後ろの先輩が「おー、大丈夫か？」と気づいてくれて、「おし、いいぞ、俺が持っておくから、I have, I have（俺が操縦を受け持つよ、という意味）」と言ってくれました。なので「あー、すみません。You haveです」と返事をしました。そこから「やー、落ちてました」などと話して、先輩も「おー、じゃあ、今日はもうこのまま帰るか」と言って訓練を止めて帰りました。

ちなみにG-LOCに入っても、叱られるとかそういうことはありません。G-LOCは誰でも入り得ますから。ただG-LOCから回復したとしても、その後に後遺症が現れる可能性がありますし、正常な脳の働きに戻るまでに時間がかかる場合がありますので、訓練を止めて、あとは先輩の操縦で基地まで帰ったわけです。

◆Gスーツは強くお腹を押されて苦しい

では、このG-LOCを防止するためにはどうすればいいのでしょうか。結局、心臓から下に血液が溜まることが原因になります。特に太ももや下腹部は空ごうが多く、血管も太いですから、非常に血が溜まりやすい場所になります。

そこで、それらの部分に血液がいかないように下半身を締め付けてやろうじゃないかという、非常に単純な発想から考えられたのがGスーツです。

下腹部、具体的にはおへそのちょっと上、胸骨のちょっと下ぐらいから、太ももの付け根ぐらいの場所と、太ももとふくらはぎに、風船の入ったオーバーズボンのようなものです。通常、服の上に着ます。

そして、そのオーバーズボンに圧縮空気を強制的に送り込むことによって、ギューッと締め付けます。このギューがどれぐらいかというと、他人にお腹をグーッと押してもらうぐらいの非常に強い力で、お腹がへこみます。オエッてなります。

そのくらいの力でグッと押さえることによって、血液をこれ以上心臓より下には行かせないようにすると共に、上半身に戻すわけです。ただ、戻すといっても、やはり心臓より上は、Gがかかっていて血液が行きにくくなっていますので、あとは自分の力で頭に血を送ることになります。

◆自力で頭に血液を送るための呼吸法と腹筋運動

頭で自分の血を送る方法は、一つは呼吸法で、もう一つは腹筋の力です。

例えば、腹筋にグッと力を入れてください。例えばブラスバンド部とかをやっていた方は腹式呼吸といって、グッと力を入れて、お腹が上下するような呼吸法を習っていると思います。腹筋にグッと力を入れると、顔がパッと赤く、熱くなります。要はいきむような感じです。グッと下半身に力を入れることにより、筋肉が血管をギュッと抑え込むことで、脳に行く血液量を増やしてやることができるわけです。

それによって先ほどのG-LOCやグレイアウト、視野狭窄といったものを防止しようという考え方です。

もう一つはL1（エルワン）呼吸とかM1（エムワン）呼吸と呼ばれるものです。みなさんが普段している呼吸法ではなくて、一瞬吸って息を止めて、いきんで、一瞬のうちに吐いてまた吸う、そしてまた息を止めるといった呼吸法です。

なぜこういった呼吸法をするかといいますと、息を吐いた瞬間はどうしても力が緩んでしまいます。緊張している人に、「はい、深呼吸して」と言うのは緊張を緩めるのと同時に、体に入っている力を緩めさせる効果があるのです。

そのため、息を吸ったり吐いたりする瞬間が非常に危ないということで、吸うときは一瞬のうちにハッと吸って、止めます。吐くときはフハーッとお腹の力を使って一気に吐いて、そしてまた一気にハッと吸って止めます。呼吸を止めている間は腹筋に力を入れます。これを繰り返すわけです。

実際やると、「フハァー（息を一気に吸う）、（いきみながら息を止める）、ブファ（一気に息を吐く）……（この繰返し）」のような感じです。すぐに顔が熱くなってくると思いますが、この呼吸法と腹筋に力を入れる動作を、高Gがかかっている環境下でパイロットはずっと行なっています。

なので、アクロバット飛行を行なうパイロットとか戦闘機乗りは、高機動をするためにコクピット内では非常にしんどい作業をやりつつ、操縦をしているんだなと思ってもらえれば嬉しいです。

◆戦闘機乗りの平均寿命は約15年も短い!?

話は少し変わりますが、このGによって血液が頭に血が行かなくなる現象は、長いスパンで見たときには体に不具合があるというのは、米軍の医学研究所の方ではデータが出ています。

日本ではそういった医学データがまだ取れていないので、人によっては定年退職するギリギリまで高GのかかるF-15やF-2に乗っている方もいらっしゃいます。一方、アメリカの場合は2～3年、高Gのかかる戦闘機に乗ったら、一度地上勤務や輸送機といったGのかからない航空機に一度配置転換されて、そしてまた間を置いてからもう一度戦闘機に戻るという勤務をしています。

具体的に米軍の調査結果にどんなデータがあるかというと、高Gにかかる戦闘機に乗っていた操縦士の平均寿命は一般の人より約15年も短いそうです。要因が体のどの部分なのかは分かりません。心臓かもしれませんし、腹筋あたりの内臓か、場合によっては血液が回らなくなる脳に原因があるのかもしれません。でも米軍では、すでにそういった調査結果が出ているのです。

「お前、F-15に何時間乗ってんだ？」と尋ねられた航空自衛隊のパイロットが、「2000時間乗ってんだ！」といった返答をすると、外国のパイロットはほとんどの場合、「お前、バカじゃないか??」といった反応を示します。「なぜ、そんなに乗らされているんだ??、体に悪いだろう……」といった会話が日常的に本当に行なわれています。

その意味では、日本でも今後データを揃えていって、長生きするのがいいのか、太く短く生きるのがいいのかといった個人の価値観の差もあるとは思うんですが、本人の希望もちゃんと聞いた上で医学的な見地から対処してもらえるようになると嬉しいな、といつも思っています。

第16話　基本だけど意外と難しいエルロンロール（横転）――機動テクニック

◆エルロンによって空気の流れを変えることができる

今回のテーマはエルロンロール、横転です。エルロンロールは有名な機動なので、多くの方が耳馴染みがあるのではないかと思います。

以前、「エルロンロールをするといつも地面に激突しそうになるんですけど、どうしたらいいですか？」といった質問を受けたことがありました。おいおい、なんかものすごい状況だな……と思いながらさらに話を聞きますと、シミュレーターゲームでの話でした（笑）。

飛行場の上空でクルッとエルロンロールをすると、ロールが終わったときにはすぐ目の前に滑走路があるそうです。それで、ウワッと思って慌てて操縦桿を引き起こすとのことです。「操縦桿は左にしか倒していないのに、なぜこうなるんだろう？」という質問でした。

それではみなさんに、実際にエルロンロールを上手にやるテクニックをお話ししましょう。

まず、航空機は翼で揚力を得ています。ここで下向きにかかるのが自分の重力（ウェイト）で、上向きが揚力（リフト）になります。この2つの力が均衡で主翼が水平な状態ですと、飛行機は真っすぐ水平な状態で飛行することになります。

飛行機を操縦する部位として、主翼後縁の両端にはエルロン（補助翼）が付いています。主翼の後ろ半分、もしくは後ろ3分の1ぐらいがパタンと折れるようにしてあり、上下に自由に動きます［図16-1］。

また、主翼右のエルロンと主翼左のエルロンはそれぞれ反対に動くようになっています。両方同じように動く飛行機も実はあるんですけど、通常は反対に動きます。またエルロ

［図16-1］フレアを発射しつつバンクをとるF-15J。バンクをとって旋回する方向の主翼のエルロンが上げられ（下方向に揚力が発生）、反対側の主翼のエルロンが下げられている（上方向に揚力が発生）。なお、F-15Jの主翼後縁には2つの動翼があるが、翼端側がエルロンで、その隣の機体側は高揚力装置（低速となる離着陸時に下ろして揚力を補うためのもの）となる（写真：航空自衛隊）。

ンが動く量は、上に小さく、下に大きく動くタイプもあります。

では、エルロンが動くとどうなるかのでしょうか。それは翼の形状が変わることになり、空気が流れを変えることができます。

例えば主翼左のエルロンが上向きに動き、主翼右のエルロンが下向きに動いた場合、右側は上向きに、左側は下向きに揚力を発生させることになります。通常、翼は上向きに揚力を発生させるものですが、形状を変えることで下向きに揚力を発生させることもできるのです［図16-2］。

そうすることで、機体には左回りに回転する力が発生します。これを上手く使ってエルロンロールをやっているわけです。

◆上方向への力がないので、どうしても落ちてしまう

ここでちょっと、右に90度回ったところで横転をちょっと止めてみます。

すると揚力の方向と重力の方向が異なってきます。揚力

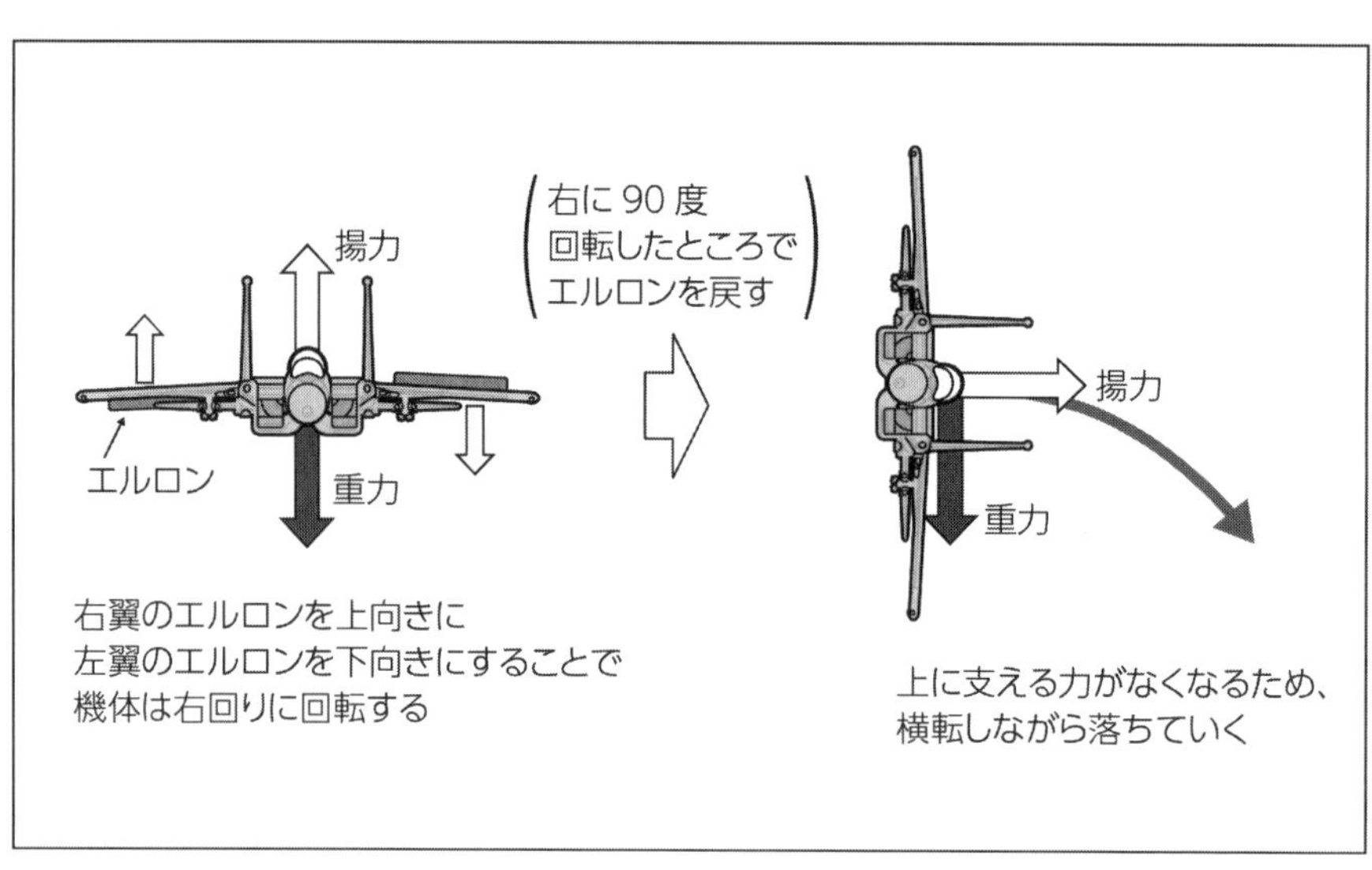

［図16-2］エルロン（補助翼）の仕組みと使い方。主翼左のエルロンを上向きに動かすことで、主翼左側の揚力を下向きにすることができる。

は翼に対して鉛直方向、つまり上面に出ますので真横（地面を基準に右方向）を向きます。これに対して重力は相変わらず地球の引力の方向になりますので、真下（地面を基準に下方向）になります。

このとき注意してほしいのは、上方向へ働いている力がまったくないことです。ということはエルロンロールをやっている最中、まず90度姿勢が変わった直後は、上方向に働く力がない分、飛行機は下に落ちていきます。つまり、横転しながら落ちていくのです。

次に、もう90度回転して逆さまの状態になると、重力の方向と揚力の方向が同じ下方向になるのでより落ちていきます。

さらにまた90度回って、要は270度回ったところで、最初の90度のときと左右反対になりますが、やはり上方向の力がないのでさらに落ちます。

そして360度回転し元の姿勢に戻って、ようやく揚力が得られます。

ということは、何も考えないで普通にエルロンロールだけをパコンとやっていると、ひたすら落ちていくことになります。水平→90度→180度背面→270度→水平になるまでの間、見た目的には真っすぐ水平に飛んでいるように見え

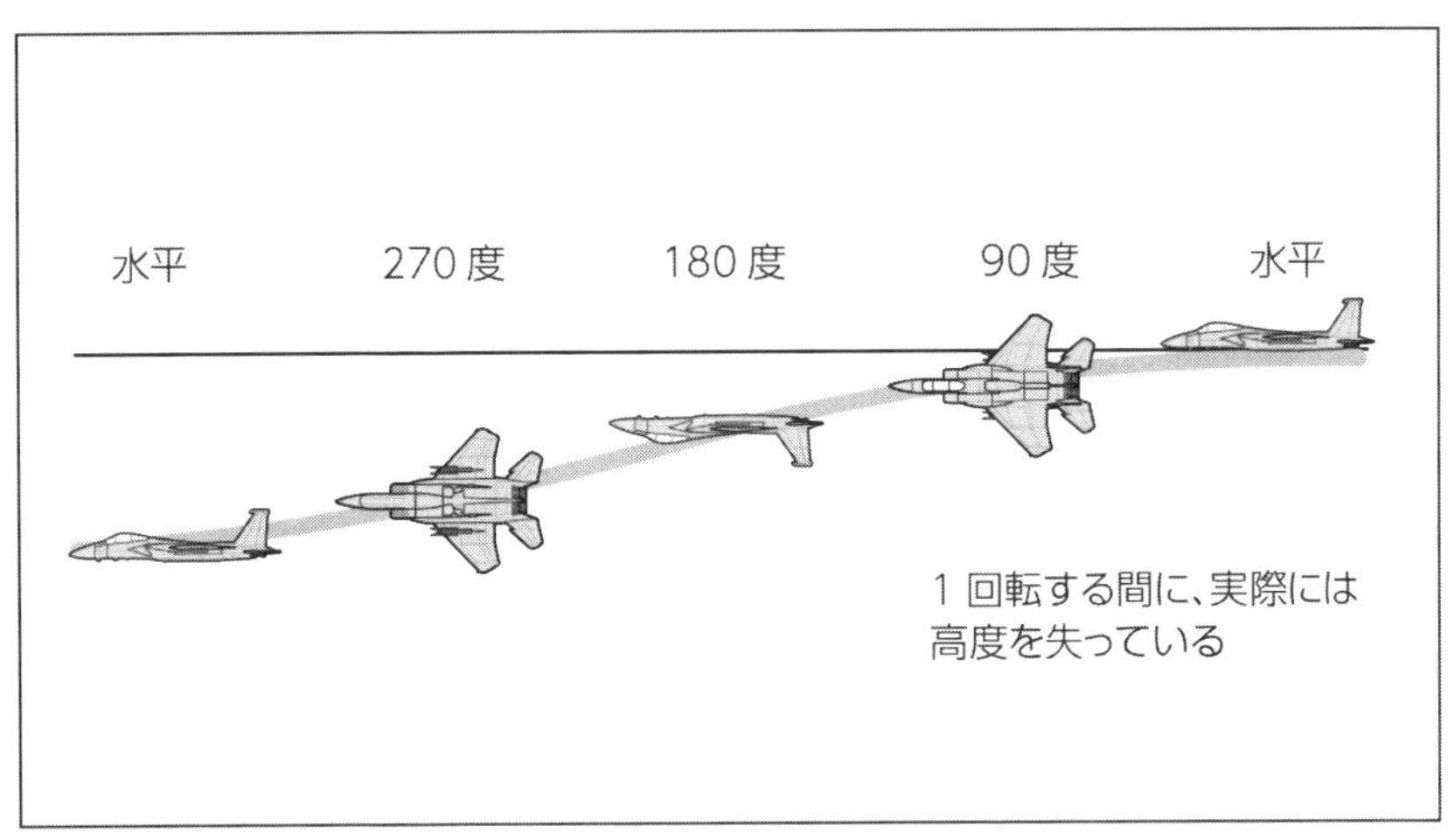

［図16-3］普通にエルロンロールをした場合、機体は開始時よりも高度を失うことになる。

るかもしれませんが、実は落ちていっているのです［図16-3］。

◆高度を失わずにエルロンロールをする方法（その1）

では、落ちないようにエルロンロールをするにはどうしたらいいでしょうか。これは非常に難しいです。

例えば90度回って主翼が垂直になった状態では、ここで揚力を得るためには胴体と垂直尾翼を翼代わりに使うしかありません。ということは機体を地面と平行にしてはダメで、機首を少し上に向けて胴体で揚力をつくってしまう必要があります。

次に背面のときは、普通に操縦桿を中立に近い状態で背面にしてしまうと、揚力は下向きに働きますから、操縦桿を押さなきゃいけません。操縦方法でいうと、降下するときのような感じで操縦桿を押しておかないといけません（操縦桿を押すと機首が下がる。つまり反転している状態で操縦桿を押すと、真横から見て、機首が少し上がる）。

そして、270度のときは90度のときの反対です。また同じように、機首を地面と平行ではなく少し上げて、胴体と垂直尾翼で揚力を稼がなければいけません。

そしてまた水平に戻るときには通常の中立の位置に戻す必要があります。

これらの操作を連続的に流れるように行なわないと、綺麗に高度を落とさないままのエルロンロールは実はできないことになります。

エルロンロールを行なったとき、操縦しているパイロットの目からはどのように見えるのでしょうか。通常、コクピットに対して、ある一点を中心にグルリと本来は回るはずなんですが、実際にはこういうふうには見えません。

実際には左回りのエルロンロールをした場合、外に見える景色はCの字を描くような景色に見えます。そして、こういうふうにCの字を描いている間は、だんだんと高度を失って落ちていっていると思ってもらって間違いありません。

◆高度を失わずにエルロンロールをする方法（その2）

エルロンロールで高度を失わないための方法は、実はもう一つあります。これは訓練生に初期の段階で教える方法で、エルロンロールを打つ前に少し機首を上げて上昇してやるというものです。

エルロンロールを始める直前で結構なので、真っすぐ飛んでいる状態からフッと5度とか10度とかちょっと機首を上げて、その姿勢でピタッと一度止めて（操縦桿を戻して）、そこからエルロンロールを打ちます。

この方法であれば、エルロンロール中は落ちますが、軌道が弓なりになりますので360度回り終わったときは水平に近い姿勢（エルロンロールに入る直前の高さ）でいられます［図16-4］。

エルロンロールに入る前にこの操作をするだけで、難しい操作をしなくても一応なんとか地面近くまで落ちずにエルロンロールを終えることができるはずです。

そこから徐々に余裕が出てきたら、背面姿勢になったときにちょっと操縦桿を押し気味にして高度を落とさないようにしてみようとか、ラダーも一緒に入れてみようとか、ちょっとずつステップアップさせていくとよいと思われます。

あとエルロンロールの際に一番大事なのは、その間に計器を見ないことです。高度が落ちるからと高度計を見たり、今何度回ったのかなと確認するために姿勢指示器を見たりするのではなく、あくまで外の景色を見て、水平線に中心を置いて動かさないことが重要です。

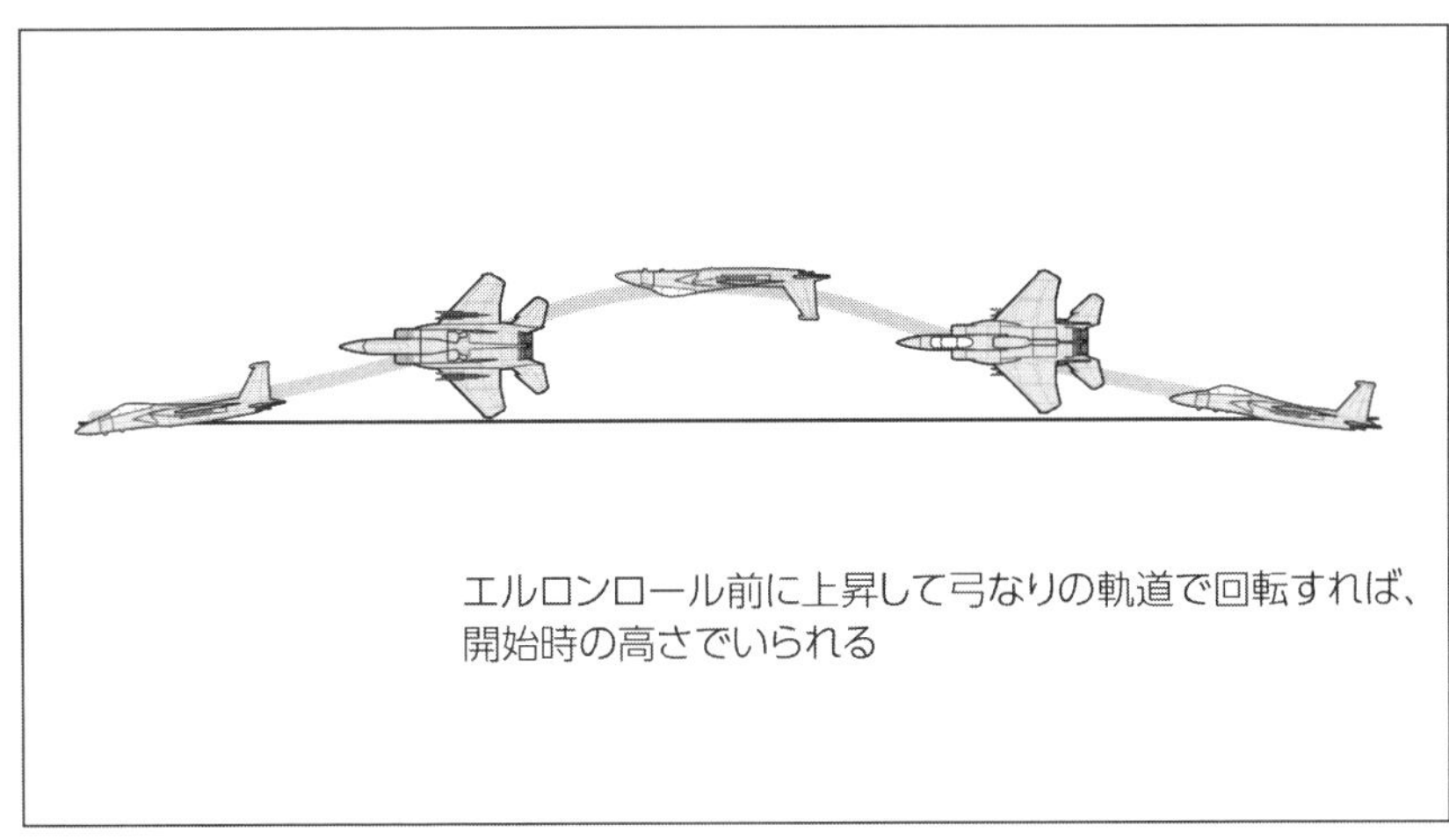

［図16-4］高度を失わずにエルロンロールをするためには、ロールする直前に少し機首を上げて上昇しつつ回転すればよい。

実際には機首を少し上げますので、ちょっと水平線が下にあると思いますが、この中心を動かさないように制御することが非常に大事です。この一点を本当に動かずに、またCの字を描かずに回ることができたならば、そのときは高度を失わないエルロンロールができているということです。

◆単純に見える機動ほど、実は奥が深い

私が一緒に乗ったことがある人のなかで、最初にお話ししたエルロンロールが上手くできる人は、元航空自衛官でエアショーパイロットとしても活躍された故・ロック岩崎（岩崎貴弘）さんでした。ロック岩崎さんと一緒に乗せていただいたのはF-15でしたが、本当に一点で回るエルロンロールというものを見させていただきました。

それ以外では今のところ見たことがありません。ブルーインパルスも非常に綺麗なエルロンロールを打っていますが、やはりエルロンロールに入る直前に、機首をパッと一瞬上げてからクルッと回っていると思います。とはいっても大きく落ちたり、機動が横にずれたりすることはありません。編隊で機動していますから、横にずれたら隣の飛行機とぶつかってしまいますからね。縦軸の制御は確実に行なっ

ています。

みなさんもエアショーなんかでブルーインパルスなどのエルロンロールを見るとき、ロールに入る直前の機首の動きを見ると、「あ、今、機首を上げたな」というのが分かると思います。またそういった見方でエアショーを見ていただくと、「あ、中ではこんな操作をしているんだろうな」「あ、(機動が)少し弓なりになってるな」「これはすごく真っすぐにできてる、凄いな」といった、これまでとは違った見方ができると思いますし、中のパイロットの苦労もちょっと分かってもらえるかと思います。


ここまで、エルロンロールについていろいろお話をしてきましたが、単純に見える機動ほど実は非常に奥が深いというのが飛行機の世界です。

以前、【第5話 「五輪」と「サクラ」ではどちらが描くのが難しいか――ブルーインパルス①】(42頁)で宙返りのお話をしましたが、宙返りも綺麗な円を描くのは実はとても難しいです。実際は上の半径が小さく、下の半径が大きくなって、卵型の宙返りになってしまうのが通常です。なので、エアショーで綺麗な円を描けているパイロットは、非常に素晴らしいテクニックの持ち主なんだなと分かってもらえたら嬉しいです。

第17話　捜索救難とはどのように行なわれるのか――捜索救難

◆飛行中、緊急状態に陥ることは決して珍しくない

今回は捜索救難についてお話ししたいと思います。航空の世界では捜索もしくは救難のためにどのようなシステムが存在しているのかをご紹介しますので、みなさんのちょっとした豆知識になればと思います。

まず、日常ではあまり感じることはないと思うのですが、飛行機に乗っていると緊急状態に陥ることは、実はままあります。私もフライト時間がもうじき5000時間になるのですけど、やはり何回か緊急状態に近い状態に陥ったことがあります。幸いなことに今まで緊急状態を宣言して対応してもらったことは一度もないのですが、緊急状態を宣言しようかなと一瞬考えた状態はやはりありました(そのとき宣言をしなかったのは、「本当にEMER［Emergency：緊急状態］なのか？　宣言してもよいのか？」と考えてしまったからです)。

非常に切迫した状況に陥ったパイロットはいろんなことについて疑問を抱いてしまいます。例えば本当に自分は自分が思っている地点を飛んでいるのかとか、この方向で合っているのかとか、この高度で本当に山とぶつからないのかといった、普段はまったく考えないことを次から次へと考えて、自分自身に疑心暗鬼になってしまうのです。そして一人で悶々と悩んでいると、ほとんどの場合、悪い方向に転がってしまうと個人的には思っています。

なので訓練生や学生さんには、もし何か疑問を感じたら、必ずそれを躊躇なく一緒に飛んでいる人に言うか、一人であれば最寄りの管制機関に通報することが重要だよと必ず伝えています。

それに加えて私は、まず高度を取れ、つまりまず上昇しろと学生に教えています。なぜなら航空機は結局、高度が低くなればなるほど、危険の度数は高くなるからです。

航空機が苦手な領域は、一つは高度が低い状態と、もう一つは速度が遅い状態です。何でもいいからとりあえず上昇して、さらに速度を減らさないようにする。もちろんパワー

もちゃんと足して、自分の姿勢が分かる範囲でゆっくり上昇します。

そして、可能な限りＶＭＣ（visual meteorological condition：有視界飛行状態＝十分な視界が確保されている気象状態）を確保して、つまり雲の中などではなく、ちゃんと雲や水平線が見えるところまで上がります。

そこで落ち着いて自分の状況を再度確認し、必要な対処を取るようにと教えています。

◆ＲＣＣが一括して捜索救難を指揮する

こういった対処をほぼすべてのパイロットが教わってはいるのですが、それでも不幸にして緊急状態に入って遭難してしまうことがあり得ます。

実際の捜索救難の体制はどうなっているかをお話しします。日本の場合は捜索救難体制ということで、ＳＡＲ（Search and Rescue）という名前が付いています。

このＳＡＲの編成組織は、国土交通省航空局と海上保安庁、防衛省、あとは警視庁や消防庁が互いに情報を共有して、同時並行で進めるようになっています。情報を統合し、人や物を一括して動かすところは救難調整本部（Rescue Control Center：ＲＣＣ）と呼ばれます。このＲＣＣは羽田空港に設置されていまして、ここが実質的に日本が担当している空の範囲内（福岡ＦＩＲといいます）の捜索救難を調整・指揮をしています。

そしてこのＲＣＣの指揮に基づいて、各省庁が動くというシステムになっています。なので各省庁の縄張りみたいなものは、捜索救難については基本的にないことになっています。

よく警察ドラマで揶揄されるような、事件がどこで起こったから○○署の担当だとかいう変な縄張り意識はなくて、あくまで一括して省庁を飛び越えたところで行なわれているとご理解していただければと思います。

◆捜索救難を発動するまでの3段階

実際に捜索救難を発動するまでの基準は、全部で3段階になっています。まず最初が「不確実の段階」と呼ばれる段階で、次が「警戒の段階」、その次が「遭難の段階」です。

それぞれの基準に至る内容は、次の通りになります。

まず不確実の段階は、航空機は飛んでいる間、決められたポイントや無線で指示を受けた場所において、自分の機体の位置情報や高度、場所、速度などを要求された場合に必ず回答する義務があります。もしくはこのポイント通過したときには、必ず一言報告しなければならないとあらかじめ定められている場合があります。

ところがポイントに到着する予定時間を超えて30分経っても通報がなかった場合、もしくは最終的な目的地へ30分経過しても到着していない場合（ジェット機の場合は15分）は、パイロットが宣言をしなくても、自動的にこの不確実の段階に入ります。

この段階になると、第一段通信捜索が行なわれます。その航空機が出発した空港や着陸するはずの空港、その飛行経路の近くにある空港、もしくは上空で無線によってコンタクトを取ることを決められていた管制など、すべての機関が無線で当該機を探すわけです。要は「何々さん（当該機のこと）、聞こえますか？」「聞こえていたら、この周波数で返事をしてください」といったメッセージを、その飛行機が予定していた飛行経路間すべてに対して、すべての周波数帯を使って捜索を開始します。

この頃にはレーダーはすでに外を見ていて、ＡＳＲ（Airport Surveillance Radar）と呼ばれる航空路の監視レーダーや、防衛省が持つ警戒監視レーダーによる捜索もすでに始まっている状態です。

◆第二段階では予定航路以外の飛行場・管制へも呼びかけを行なう

それでもなんら返答や情報がなく、第一段通信捜索を始めてから30分が経過（報告が来るはずの予定時間から約1時間が経過）した場合や、当該機が緊急通信を発した場合、もしくは当該機が発した緊急通信を別の航空機が聞いてそれを伝達した場合には、自動的に次の警戒の段階に入ります。

警戒の段階に入ると、拡大通信捜索といって、先ほどの第一段通信捜索よりもさらに広い範囲で同じような通信による捜索が行なわれます。

第一段通信捜索では予定経路間だけでしたが、拡大通信捜索では当該機が保有している燃料や、巡航速度とか高度といった機体の性能の範囲内で、その航空機が行けるかもしれないすべての範囲の飛行場およびコンタクトするであろう管制機関が、周波数すべてを使って当該機の呼び出しを試みます。

今は小型機でも、燃料満載なら4～6時間は飛べます。エアラインの旅客機ですと、もっともそれだけの燃料を積んでいないことが多いですが、国内線なら3〜4時間、国際線なら場合によっては何十時間という時間を飛べますので、状況によっては世界中に対して無線による捜索を始めることになります。

捜索を行なったけれど、やはり引き続き情報がなく、拡大通信捜索を開始してから1時間が経過してしまった場合や、当該機の燃料がもうなくなっていると思われる場合、もしくは当該機などから不時着や不時着するといった連絡を受けた場合、また最後の遭難通信を受けた（もしくは伝達で受けた）という場合は、遭難の段階に入ります。

こうなってくると、もう遭難したと確定されますので、捜索および救助に出動するという形になってきます。

◆なぜすぐに捜索救難を出動させないのか

ここまで話を聞いて、捜索および救助に出動するタイミングが遅いと感じられた方もいらっしゃるかと思います。実際、捜索救助が出動するのは、あれ？　っと思ってから、つまり報告が来るはずの予定時間から30分（ジェット機は15分）、第一段通信捜索を始めてから30分、拡大通信捜索を始めてから1時間が経ってからですので、最低でも2時間はかかることになります。

ただ、明らかにおかしいという場合や、情報がまったくない場合は、もう情報がなければ次の段階に移って構わないと判断されることもあります。最初の30分から1時間はいろいろな意味で〝分かれ目〟になってくる部分もあるからです。

もっと早くから捜索救難活動を始めればいいじゃないかというご意見もあるかもしれません。でもみなさんは意外にご存知ないのですが、無線は見通し距離でしか届かなかったりします。

見通し距離とは、目で見ることができる距離、つまり水平線に隠れてしまわない距離のことです。地上で無線を受ける局と飛行中の航空機が無線でやりとりをする場合、その間に例えば障害物となる高い山があったとしたら、無線は通じません。なので、ほとんどのパイロットが経験あるのですが、この場所なら無線局と通信できるだろうと思ったけど、実際に飛んでみたら届かなかったということは意外にあるのです。

さらに今の飛行機だともう大丈夫なのかもしれませんが、その無線局に対して自分の機体が正対しているのか、横なのか、後ろ向きなのか、場合によっては上昇中なのか降下中なのかによって、アンテナの方向や角度が変わりますので、無線が通じたり通じなかったりすることは割とあります。

もちろんパイロットは無線が常に届くであろう、もしくはエアラインの航空機が飛ぶような航空路は基本的に無線が通じる高度になっています。ただ、そのときの状況によっては上空の電離層の状態だとか、たまたま無線機の出力が悪いとか、他の航空機と混信してしまったとか、いろんな理由で自分の通信が相手に届かないことも実は割と頻繁に起きるのです。

なので、呼んだけど返事がないから、すぐに捜索救難だ！ と判断すると、それこそ1日に何回も捜索救難を出動させることになってしまいますので、ある程度の間が設けられているのです。

◆無線のためにも、緊急時には高度を上げることが重要

冒頭でお話をした、私が生徒に「何かあったら、まず高度を上げろ」と言っているのは実はこの見通し距離のためでもあります。

距離も一般的なVHF、UHF帯の無線機（自衛隊ではUHF帯、エアラインはVHF帯を使っています）は一般的には200マイル（約322キロ）ほど届くとされますが、実際にはぴったり200マイルはちょっと届かないと思います。実際には150マイル（約241キロ）から180マイル（約290キロ）ぐらいの距離しか届きません。

通常、届かなくなる前に、次に届く無線局に周波数をどんどん変えながら飛ぶべきなのですが、ヒューマンエラーはどうしても起こるので、たまたま忘れてしまうこともあるかと思います。

あと、航空機が高い高度を維持できなくて、一時的に低い高度を飛んでいたために無線が一時的に使えなかったりすることもあります。通常そういった飛行をする前に管制官に連絡をするのですけど、ヒューマンエラーであったり、機材の不具合で連絡ができない場合もあり得ます。

◆捜索の際に重要になってくるビーコン

捜索および救難活動が実際にはどのように行なわれるかというと、基本的に捜索は無線による呼び出しがまず第一に

なります。

引き続き、当該機が使っているであろう周波数および緊急周波数で呼び出し続けます。航空機の緊急周波数はあらかじめ決まっており、ＶＨＦ帯ですと１２１・５ＭＨｚ（メガヘルツ）、ＵＨＦ帯ですと２４３・０ＭＨｚです。逆に、遭難して救助を必要とする航空機も、この周波数で捜索救難機との連絡を取ることになっています。

他には、遭難した航空機がビーコンを出し続けていれば、捜索機はその電波の発信源を逆探してそこに向かうことができます。ビーコンとはツーツ、ツーツーツーといったモールス信号を自動的に出すような機械です。

また、ほぼすべての航空機に、ＥＬＴ（Emergency Locator Transmitter）と呼ばれる機材が搭載されています。自動型や手動型などがあるのですが、基本的に小型機でも最低1個、エアラインの大型機などは2個を搭載しています。このＥＬＴも基本的にビーコンで、ツー、ツーツーとかピーピーという音を発するものと、捜索救難衛星（COSPAS-SARSAT）に対して電波を自動的に発信するものがあります。

後者は４０６ＭＨｚで、現在地情報と自機のコールサインなどを上空に放出します。すると衛星のほうがその電波の位置を捉えて、地上のＲＣＣなどに自動的に連絡をすることで、どこから電波が出ているかが驚くくらい非常に正確に分かります。

◆ELTが捜索救難の効率を著しく向上させた

ＥＬＴの機材は基本的には実は小さく、20センチの箱くらいの大きさです。航空機の電気系統からは完全に独立していまして、自分自身でバッテリーを持っています。

中には加速度センサーが付いていまして、メーカーによっても異なりますが、12Gとか15Gといった、非常に強いショックを受けたときには自動的に電波を発信する仕組みになっています。なのでパイロットが自分で操作する必要はありません。もちろんパイロットが手動で操作してそのモードに入れることもできます。

ただ一般的に、墜落したような場合は機体は強い衝撃を受けますので、それと同時にこのＥＬＴが電波を発し始めるわけです。

先ほど、位置を非常に正確に特定できるとお話ししましたが、実は過去、私が所属していた航空会社で整備中に誤って

ＥＬＴが電波を発射してしまったことがありました。そうしたら1分もしないうちに、東京のＲＣＣから電話がかかってきました。

「お宅からＥＬＴの電波が出ているみたいなんだけど……」と言われて、え？　となりました。でもそのくらい非常に正確で、かつ素早く情報を得られるようなシステムになっています。

ただこのＥＬＴも機械ですから、ＥＬＴそのものが衝突のショックで破損したり、もしくは燃えたりした場合はもちろん電波を発することができません。しかし、このＥＬＴを使う前に比べると、捜索救難の精度とスピードは非常に上がっていると思います。

第18話　なぜ空中で衝突するのか——コリジョンコース（衝突コース）

こんなに見通しがよくて、お互いによく見えているのに、なぜぶつかるのか疑問だと思いますが、実はこれは飛行機の世界でも起きます。航空機が衝突するのは、お互いに見えていないときもありますが、お互いに見えていてもぶつかることが実はあります。

正確にいうと、見えているけど認識できていないときです。そのメカニズムについて今回はお話をしたいと思います。

◆見晴らしのいい空で、なぜ空中衝突は起きるのか

今回のお話はコリジョンコースになります。あんまりというか、まず聞かない言葉ですよね。コリジョンコースとは簡単にいうと、衝突コースと考えてもらえばいいかと思います。

例えば田んぼが広がる田舎で、2台の車が十字路を上と右から交差点のほうへ走ってくるとします。ものすごく見晴らしがいいのに、なぜか交差点でガーンと衝突することがあります。みなさんもそういった不思議な事故をご覧になったことがあるのではないでしょうか。

この例のようにコリジョンコースというのは、互いによく見えていて、ぶつかるはずがないのになぜかぶつかってしまうコースのことをいいます。

下から真っすぐ進んでいるのが自機だとします。左手に飛行機が見えた。どうもお互いに針路が途中で被さっている［図18-1］。この場合、この飛行機とぶつかるかどうかの判定をどのようにするかという話です。

一見、針路が交差しているとぶつかるように見えるんですが、これは見た目だけのコースの話であって、お互いの速度が関係するはずです。

ぶつかる?

［図18-1］

　また、ちょっと見方を変えて、例えば方位をちょっと右に変更してみても、コース上で重なるのは一緒です［図18-2］。

　では、果たしてこれでぶつかるかどうかを、どのように判定するかを考えていきます。よく「コリジョンコースに乗る」といった言い方をするのですけど、コリジョンコースに乗っているかどうかを判別する方法です。

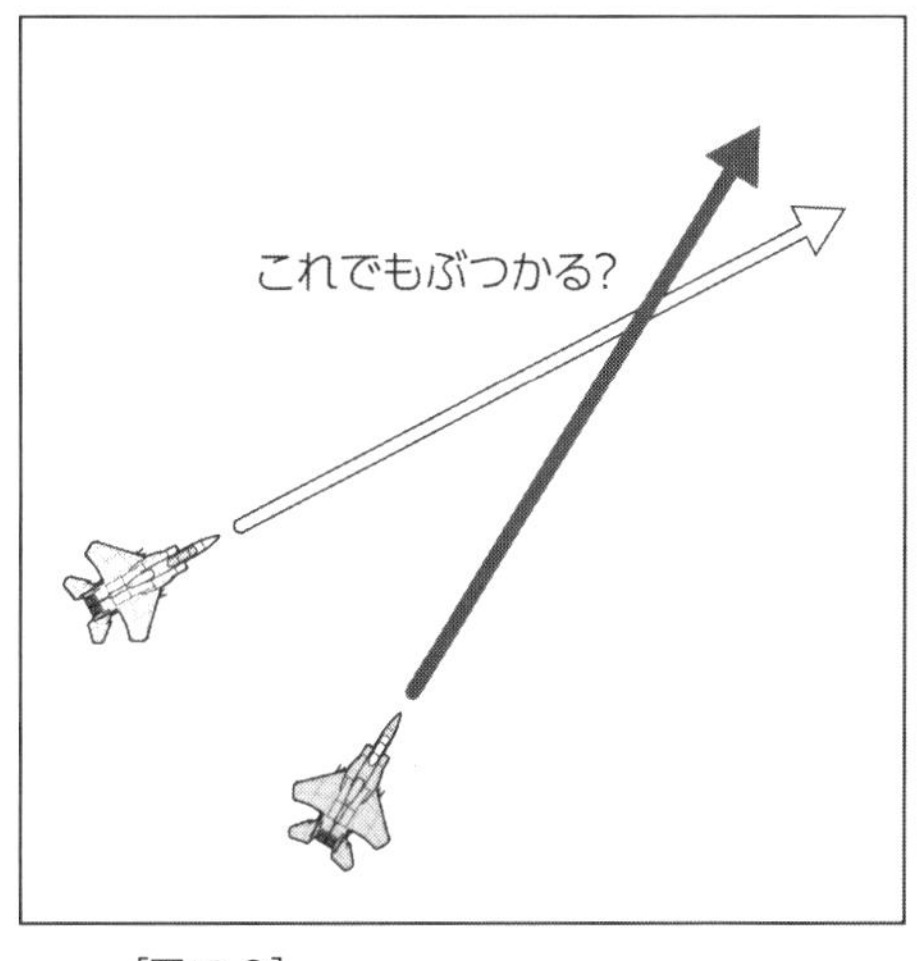

［図18-2］

◆①相対方位が同じで、②近づいてくる場合にぶつかる

　まず、前提として、相対方位（Relative Bearing：RB）からご説明します。実は先ほどのコリジョンコースは、「相対方位が一定で近づくならば、コリジョンコースである」と言うことができます。

　自機が飛んでいる方向（ヘディング）から何度の方向であるかを「相対方位」といいます［図18-3］。

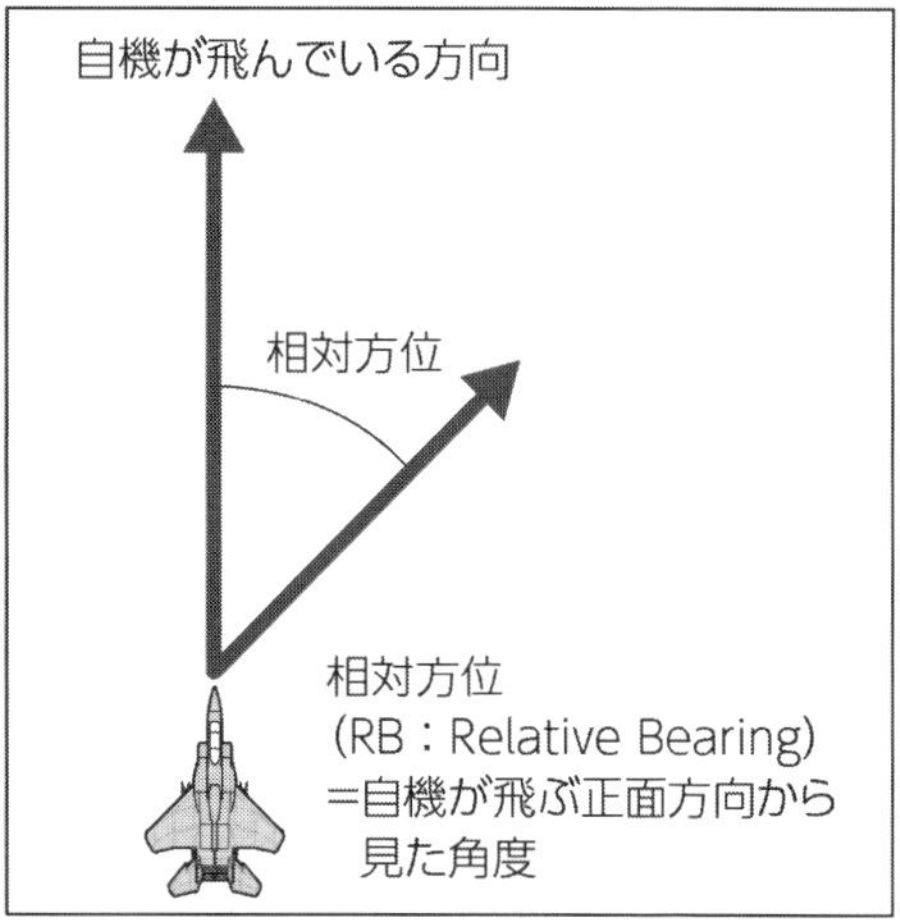

自機が飛んでいる方向

相対方位

相対方位
(RB：Relative Bearing)
=自機が飛ぶ正面方向から
見た角度

［図18-3］相対方位とは自機の進行方向から見た角度。イラストであれば、短い方の矢印は「相対方位、右に約30度」となる。

通常、航空機は磁方位が基準になっています。例えば「自分が飛んでいる磁方位が0-9-0（ゼロナイナーゼロ）」という場合、磁北（磁石の北）から90度右回りに振った方向に飛んでいることをいいます。北から90度右ですから、平たく言うと東ですね。

また「磁方位2-7-0（ツーセブンゼロ）を飛んでいる」と言った場合は、２７０度右回り方向になります。上空から右回りなので２７０度方向、つまり西方向へ飛んでいることを指します。

このように航空の世界では通常、ヘディングは磁方位から言うのですが、状況によっては相対方位で言う場合もあります。この場合、「自分から見て右に30度」だとか、「自分から見て１８０度」（つまり真後ろ）という言い方です。

そして、「この相対方位が相手と常に同じで近づくならば、ぶつかる」ということになります。

次の［図18-4］で、こちら（灰色の飛行機）から見える白色の飛行機の角度が、A_1とB_1の段階で同じで、A_2とB_2の段階でも同じで、A_3とB_3の段階でも同じである場合、こういう状態のときには必ずぶつかります。要は、コリジョンコースというのは平たく言うと、相対角度（自分から見た相対方位）がずっと一定で、かつ相手が近づいてくると、やがて必ず衝突するということになります。

◆空中の一点で静止しているように見える

相手が見えていたら近づかないだろうし、そのまま飛ばないのでは？　とみなさんは思うかもしれません。これには空という特殊な状況がもたらす、一つの錯覚というか、一つ

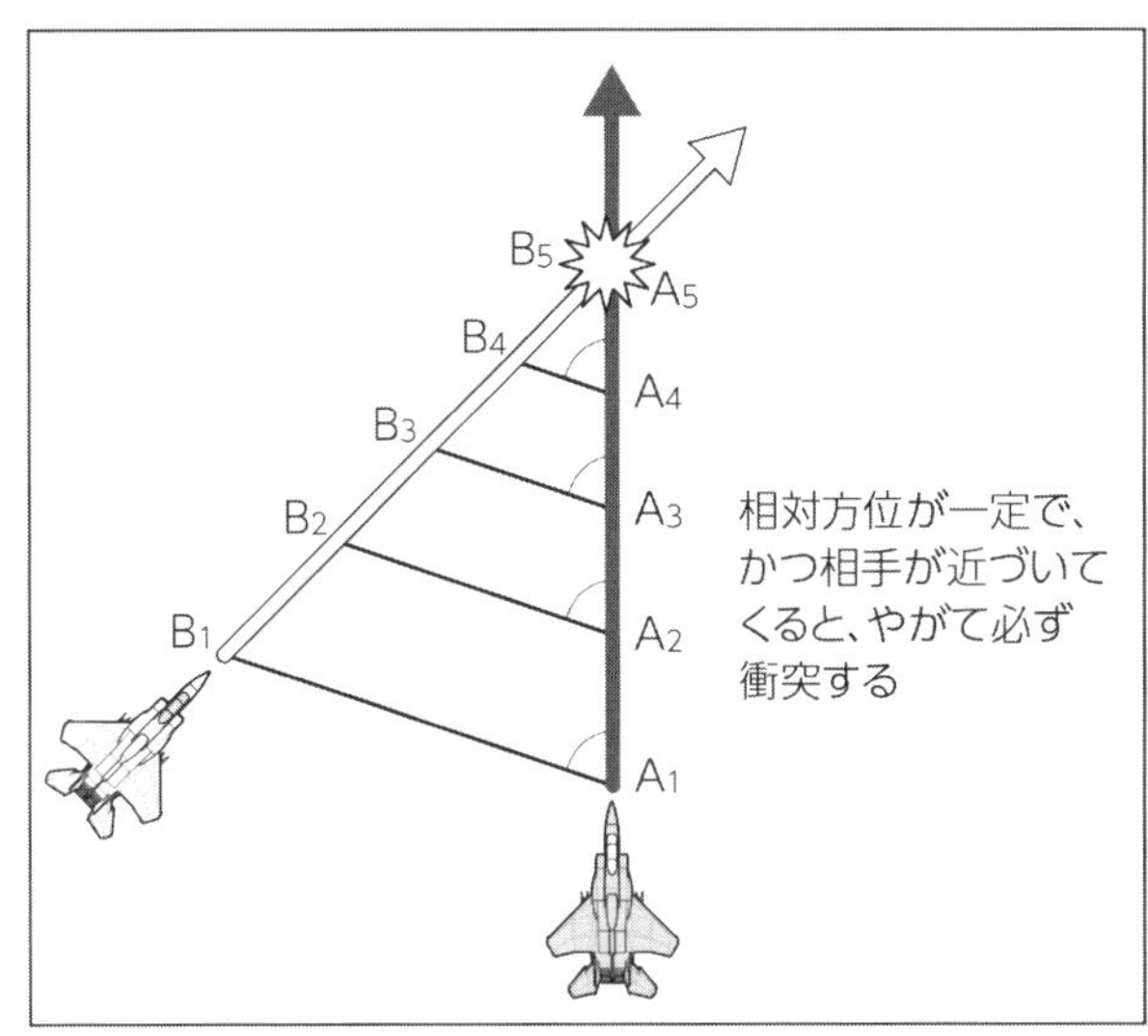

［図18-4］自機がA_1にいるとき相手がB_1にいて、こちらがA_2に進んだとき相手がB_2にいるような状況が続くと、相対方位がずっと同じということになる。そして互いに近づいているので、やがて必ず衝突する。

の欠点が関わってきます。

というのは、灰色の飛行機から白色の飛行機を見た場合に、後ろは空で、対象物がまったくありません。そのため白色の飛行機は、何にもない空間にポツンと黒とか白い点として見えるわけです。もちろん近くなってくるとその飛行機の色も見えてくるのですが、色が分かる頃には次の瞬間にはぶつかります。

つまり、相対方位が一定である場合、（白色の飛行機は）空中で止まって見えます。自分から見た角度が一定で、それがずっと動かないのです。でも距離は近づくので、一点で動かないまま徐々に徐々に大きくなっていきます。

でも、衝突する直前にはすごくデカく見えます。加速度的に大きく見えてくるんです。人間の目は動いているモノに対しては、すぐに注意がいきます。

とても変な表現なのですが、例えばハエが飛んでいるとしましょう。ハエがブンブン飛んでいると非常に目に付きますけど、ピタッと止まると見失ってしまいますよね。ところが再び飛び出すとすぐ見つけられるのです。要は、人間の目は一般的に動くものを捉えるわけです。これは動物も一緒で、魚やカエルも静止しているものは餌と認めなくて、動いているものを目で追っていきます。どうしても人間もそれに近い部分があるのです。

なので、このコリジョンコースに乗ってしまうと、相手を非常に見つけにくい状態になります。ずーっとそこに留まっているので、まず飛行機だと認識しません。飛行機かもしれないと思いながら見続けていれば、だんだん大きく近づいてくることが分かって、自分がコリジョンコースに乗っていると認識できるかもしれません。

ただ、ある一点に静止している物体を飛行機だと認識するまでに、非常に長い時間がかかってしまいます。場合によっては気づかないことさえもあります。

◆田んぼの事故もコリジョンコースに乗った可能性がある

なので、こういった一見不可思議な衝突は大いに発生します。最初にお話をした田んぼの交差点で起きる車の事故も実は一緒です。

だだ広い場所だと、まず一つには、相手もこっちが見えているだろうという慢心があります。それに加えて、自分の目から見ると、相手の車は一点で止まって見えるのです。コリジョンコースにお互いが乗っていると、同じ角度でずっと見えて、相対的に静止しているように見えてしまうのです。

無論、飛行機の場合と違って地面がありますから、地面と比較すれば動いていることは分かるはずです。でも、たまたま地面と比較しなかったり、気づかなかった場合には、やはりコリジョンコースになってしまいます。なので、だだ広いところでぶつかっている事故や飛行機の空中衝突事故は、こういったコリジョンコースに乗ってしまったことが原因になります。

◆コリジョンコースから回避する方法

では、コリジョンコースに乗るのを回避するにはどうしたらいいのでしょうか。簡単には相対方位が変化するように飛行すればいいことになります。

要するに、(相手が) 空中のある一点で静止し続けて大きくなるからぶつかるのですから、言い換えれば一点で静止しないように自分が方位を変えてあげるか、速度を変えてあげればいいわけです。

まず、方位を変えてみます。ある地点で、「あ、コリジョンコースに乗っている! このまま飛んでいたらぶつかる!?」と考えて、ピッと方向を変えてあげるわけです。

すると次の段階には相対方位が変わり、衝突を回避することができます。

これはみなさんが実際に飛ばれることがあれば覚えておいていただきたいのですが、一般に回避は相手の後ろに向かって回避するのが一番確実で、かつ簡単です [図18-5]。

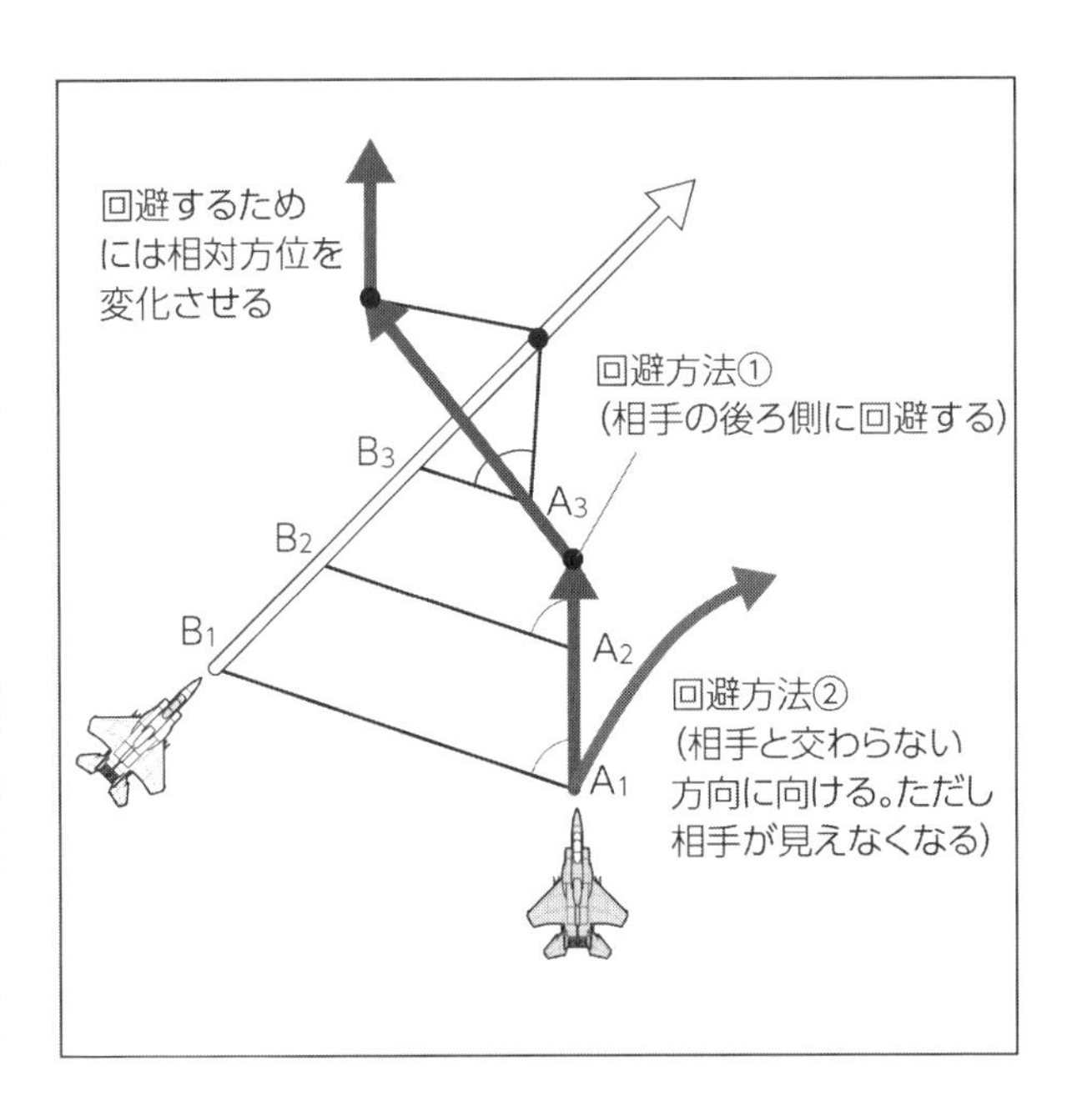

［図18-5］相対方位が同じ場合の2つ回避方法。相対方位を変化させることが重要で、一つは他機の後ろ側へ飛ぶ方法と、他機と離れる方向へ飛ぶ方法がある。しかし後者は他機に背を向けることになるため、（他機が）どう動いたが分からないので危険な面もある。

「相手の後ろ」というのは、相手が来た方向を意味します。相手が来た方向に向かっていって、相手を目の前でやり過ごしてから（相手の航路を）自分が通過するやり方が、実は一番簡単なのです。

◆回避は相手のお尻のほうへ旋回するのが基本

人によっては、「いや、遠のく方向がいい」という考え方ももちろんあると思うのですが、一般的に相手を目視できたときの距離はすでに非常に近いと思います。

例えば戦闘機に乗っているときなら、相手との距離が10～20マイル（16～32キロ）の地点でも発見できましたが、そのときはとても集中していましたし、レーダーを使っていたこともあります。もし目視だけ発見しようとしたら、5～10マイル（約8～16キロ）の距離でもなかなか難しいものがあります（相手がエアラインの大型旅客機だった場合は15マイル［約24キロ］ぐらいの距離でも見えることはあります）。

そういった経験からも私が思うことは、やはり見えたときにはもう結構大きい（距離が近い）のです。なので、絶対に相手と交わらないように、相手の進行方向を見極めた上でその後ろ側（相手が飛んで来た方向）に向けたほうが確実に回避できるはず、というのが自分の経験です。

　もちろん、右に旋回して遠のく方法（［図18-5］）も相対方位を変えるという意味では正解ですが、欠点があります。

　相対方位が変わればぶつからないとは思いますが、飛行機は曲がる（旋回する）ときにはその方向に機体を傾けます。パイロットは飛行機の機体の上に乗っているわけですから、機体を傾けると、避けようとした飛行機は自機の腹の下になるので見えなくなってしまいます。

　これは飛行機の特徴で、例えば右に旋回すると、旋回の外側（左側）は目視し続けることはできません。

　もちろん避けようとした機体が見えなくても、回避が確実に行なわれていれば別に問題ありません。また互いの距離が遠ければ、旋回して相手が見えない状態が5~10秒あっても、そんなに問題にはならないと思います。ですが先述の通り、往々にして再度相手を発見したときにはものすごく近かったりすることが多いのです。

　また、回避のための旋回をしている間、相手が見えなくなるのは心理的にとても恐怖です。旋回の角度が十分でなかったかもしれないと疑心暗鬼になっていきます。さらに、相手も回避のために左に旋回していて、お互いに見えない状態にあるかもしれません。お互いがお互いを見られない時間が生起するのは、ある意味非常に危ない状態です。

　なので、私はあまり、相手が見えなくなるような方向に旋回するのは好きではありません。これは戦闘機乗りだったからという部分も多少あるのかもしれないですが、目視を失う、つまりＬＯＳＴ（ロスト）するのは非常に心理的に嫌なものがあるので、それは避けたい意図も多少あったりします。

　あまり聞き慣れない話題だったと思いますが、コリジョンコースの話はお分かりいただけたでしょうか。要はコリジョンコースそのものは衝突するコースを指し、その衝突するコースに乗っている状態にあることをコリジョンコースに乗ると表現するということです。

第19話 「重量」から見る航空機の運用法――性能諸元と運用

◆最大離陸重量は「持てる荷物の重量」ではない

今回は、航空機の重さについてお話ししてみたいと思います。私は1年半かけて体重を8キログラムほど落としたのですが、3ヵ月で半分ほど戻りました（笑）。炭水化物を抜いているはずだったのですが、最近お米が美味しくて……という話ではなく、航空機、特に飛行機と回転用航空機（ヘリコプター）の重さです。そのどちらに該当するか分からないのですが、V-22オスプレイの重さの話をちょっとしたいと思います。

SNSに流れている書き込みにこんなものがありました。「オスプレイたん［図19-1］は20トン以上積める。チヌたん（CH-47チヌーク［図19-2］）は10トンぐらい積める。でもオスプレイたんを2機使ったにも関わらず、1回目に2機で20トンしか運ばなかった。オスプレイたんはサボっているんじゃないか？」

［図19-1］補給艦サカガウィアからハンヴィーを吊り上げて輸送するアメリカ海兵隊のMV-22Bオスプレイ。全長17.5m／全幅25.5m／全高6.7m／空虚重量1万5,032kg／積載量9,070kg/最大離陸重量2万7,400kg／乗員4名、乗客24〜32名／巡航速度 時速446km／航続距離3,590km。

［図19-2］陸上自衛隊のCH-47Jチヌーク。全長30.1m／全幅18.3m／全高5.7m／空虚重量1万185kg／積載量1万886kg／最大離陸重量2万2,680kg／乗員3名、乗客33〜55名／巡航速度 時速240km／航続距離2,252km（写真：航空自衛隊）。

これは単純に、兵器の性能諸元の見方が正しくなかったということではないかと思います。

性能諸元には最大離陸重量（Maximum Take-off Weight）と呼ばれるものがあります。たぶんオスプレイのこの数値が「20トン以上」と書かれていたので勘違いされたのではないかと思うのですが、実際、航空機の重さは次のように算出されます。

簡単に言うと、「空」「燃料ほか」「荷物」。こんな感じです。まず、航空機（飛行機でもヘリコプターでも）に乗せる人や貨物を全部下ろします。次に燃料と、油やハイドロなど作動のための油を全部抜き取ります。この空っぽの状態の重量を空虚重量といいます。ポイントは、この空虚重量とは実際に航空機が運用されるときの重さではないということです。

燃料や油を全部入れ、荷物とか人を最大限に載せた状態で、かつ離陸できる重量が最大離陸重量になります。

なので航空機の空虚重量が何トンで、最大離陸重量は何トンだから引き算すれば積載可能な荷物の重さが出るかというと、それには燃料や作動のための油の重さが計算されていないことになります。

いずれにしても、一般的には積載重量や貨物重量という名前で、積むことができる荷物や人の総重量が通常書いてあります。オスプレイは確か９０４０キログラム、約9トンです。チヌークは10トンぐらいなので、オスプレイは（チヌークより）ちょっと少ないぐらいです。オスプレイたんの積載量はチヌたんとほとんど変わらないから、サボっているわけじゃないんです。

Twitterで書き込みされていた方は、たぶんこの辺の重量関係がよく分かっていなかったのではないかなと思いますが、通常あまり考えませんからしょうがないことでしょう。

簡単にいうと、2トントラックとよくいいますけど、あれは2トンの荷物が積めるから2トントラックです。車の重量が2トンであるわけではありません。車なり飛行機なりの常識といったら語弊があるかもしれないのですが、積載重量が貨物重量と呼ばれることがあるのは頭の片隅に置いておいていただければと思います。

◆最大離陸重量なのに重すぎて離陸できない!?

せっかくなんで、もう一歩踏み込んで考えていただきたいと思います。みなさんに質問です。

最大離陸重量まで荷物を積んだ状態で、飛行機は離陸できるでしょうか？　オスプレイじゃなくて飛行機で考えてください。

正解は△です。

は？　最大離陸重量なんだから離陸できないと困るだろって思うかもしれませんよね。でも答えは△なんです。

実は最大離陸重量で離陸できるか否かは、そのときに使う空港の諸元、例えば滑走路の長さや強度、またその日の天候によっても変わってきます。

航空機が重くなったときにタイヤが地面にめり込んだら困りますので、滑走路や誘導路、駐機地区のコンクリートやアスファルトの強度が問題になってきます。基本的に飛行機が出入りしている空港ならば強度は十分なのですが、なかには十分じゃない空港もあります。

ですから滑走路の長さが十分であっても、その強度が足りないために空港に降りられないといった話があったりします。

次に滑走路の長さの問題です。最大離陸重量で離陸する航空機は非常に重いですから、浮くことができる速度（浮揚速度）にまで加速できる長さが必要です。

この浮揚するまで走る距離を離陸滑走距離というのです

が、重量が重くなるにつれ、この離陸滑走距離はどんどん伸びていきます。要するに重たいので、加速に時間がかかるということです。

信号が青になったとき、軽自動車がパッと出ていくのに対して、大きいダンプカーはゆっくり出発しますよね。どうしても重い物体ほど動き出しは非常につらいものです。

なので、最大離陸重量でも浮揚できるまで加速できる滑走路の長さが必要になってきます。

◆飛行機の性能は天候も大きく影響する

３番目の要素となってくるのがその日のお天気です。

飛行機は一般的には向い風がベストな条件です。向い風が吹けば吹くほど、一般的には離陸滑走距離も離陸距離も短くなります。要するに短い滑走路で上がれます。たまたま無風であったり、あまりやらないですけど、背風（後ろからの風）であったりすると、航空機にとって非常に厳しい状況になってきます。

加えて、気温も関係してきます。一般的に航空機のエンジンは気温が高くなればなるほど、出力は低下します。また大気中の空気の分子が漂う分圧量も下がりますので、揚力（航空機を浮かすための力）も下がってきます。

２０１５年7月に調布市の住宅街にバイパーPA-46軽飛行機が墜落するという不幸な事故がありました。事故直後に配信した動画では、気温が高いなか、重量が重い状態で上がろうとしたけど加速しきれなかった、上昇しきれなかったんじゃないかという推測をしています。

いずれにせよ、飛行機の離陸にとって最悪の条件というのは、気温が高くて、かつ風がなかったり追い風だったりすることです。

なので、最大離陸重量で離陸できるか否かという問いに対しては、「航空機そのものはその重量でも離陸する能力はあります。ただ、その航空機を取り巻く状況によって左右されるので、一概にこの重量で毎回、離陸できるわけではない」という答えになります。

◆オスプレイは2種類の離陸方法がある

ここまでのお話は飛行機（固定翼）の場合ですが、最初に出てきたオスプレイの場合はどうなるでしょうか。

その前に、オスプレイもチヌークも輸送に使用されますが、決定的な違いがあります。

一つは、チヌークは離陸時に地上滑走をしません。離陸時は垂直に上がっていきます。これ以外の離陸方法がないので、チヌークの最大離陸重量は垂直に上がれる重量を示します。自分自身が持てる貨物の量というのは、条件によって変化しません。

ところがオスプレイは違います。オスプレイには離陸方法が2つあります。一つは通常の航空機のように地上を走っていって離陸する方法で、もう一つは通常のヘリコプターのように垂直に上がっていく方法です。

オスプレイはエンジンを前に向けたら(エンジンは固定主翼の両端、ローターの根本部分にある)、飛行機みたいになります。ただ完全に前に向けてしまいますと、回っているローターのプロペラが地面を削ることになってしまいますから、実際には（上向きの状態から）少し斜め前にして、前方へ進む力を得て前進し、加速していきます。そして翼の揚力に加えて、プロペラの発生する推力で離陸します。

通常の航空機よりちょっと短めに離陸できますので、STOL（Short Take-off and Landing Aircraft：短距離離着陸。エストール）機としての運用が可能です。

オスプレイの最大離陸重量は、実はこのSTOL運用、つまり通常の飛行機のように滑走路上を滑走して離陸する方法が基準になっています。

◆運用の工夫によって最大離陸重量を最大限に活かす

では、オスプレイは垂直離陸とSTOL運用で、どちらのほうが荷物をたくさん積めると思われるでしょうか。

オスプレイは、垂直に上がっていくときはローターで自分を持ち上げるしか手はありません。でも、STOL離陸をする場合、つまり通常の滑走路を走って離陸する場合は、翼の揚力も浮かすための力を発生してくれます。

なので必然的に、滑走して離陸をするSTOL運用のほうが積載重量は多くなります。

しかし、荷物を積んでどこかの空港から離陸することはできますが、降りるときはどうでしょうか。多少飛んできたことで燃料は減っているとは思いますが、オスプレイは降りるときは垂直に降りるしかありません。垂直に降りるということは垂直に上がるのとほぼ同じ推力が必要になるということです。

ということは、オスプレイは最大離陸重量では運用できないことになります。ちょっと積む量を減らさないといけません。しかしそうだとすると、「最大離陸重量の数値」の意味がないじゃないかと思われるかもしれません。

ただ、ここが航空機の運用の面白いところで、そのときのニーズに応じて、他のものをコントロールして最大限の効率を得られるようにします。つまり、燃料を減らせばいいわけです。

「垂直に上がる際の最大離陸重量」があるとします。要するに先ほどの「滑走路から離陸する際の最大離陸重量」よりもちょっと軽めのものです。

荷物を満載して、燃料を調整します。常に燃料満タンで飛ぶ必要はなく、出発地から目的地まで行って帰ってこられる燃料に加えて、途中で何かあったときに別の飛行場に行けるだけの燃料を最低限確保しておけば、飛べなくはないわけです。場合によってはさらに20分ぐらい滞空できる予備燃料も積むとか、いろんな考え方があると思います。

この辺は機長の判断になってくるのですけど、「必要な量＋予備燃料」よりも多く積む必要はないわけです。

みなさんには、最大離陸重量で上がっているとはまず思わないでいただきたいです。また最大離陸重量は、垂直に上がったり降りたりする分については、滑走路から離陸するよりも小さくなってしまいます。

ただ、その小さくなった分は機長の判断次第で燃料や荷物を減らすことによって対応できるかもしれません(貨物機の場合は、ロードマスターという重量計算をする専門の人間がいます)。

◆ランプ重量と最大離陸重量は異なる

オスプレイは垂直にしか着陸できないのですが、着陸時に離陸時ほどの揚力を必要としない飛行機の場合はどうなるでしょうか。

その場合でも離陸できたとしても、着陸はできません。なぜでしょうか。

最初に勘違いしないでいただきたいんですが、最大離陸重量で離陸してそのままの最大離陸重量で着陸できる航空機もあります。小型機なんかはほとんどそうです。

ただ、自衛隊のF-15やエアラインの旅客機のようにもうちょっと大きい機体になると、最大離陸重量は厳密に決められています。

まず航空機が地上にある状態で、最も重たい重量のことをランプ(RAMP)重量といいます。ランプとは駐機場の意味で、静止している航空機に荷物を積んで、かつ地上滑走ができる重量です。数値としてはこれが一番重いです。

その次に重くなるのが最大離陸重量です。

ここで、え？　同じじゃないの？　と思われたかもしれませんが、実はちょっと違います。最大離陸重量は離陸のために滑走路の端からパーンと走り出せる重量ですけど、そこに至るまでに減るものがあります。燃料です。

要は地上でエンジンランナップ（エンジンの出力を上げて行なう点検）などのいろいろんな点検をしたり、地上滑走をしたりすることで、燃料は減ります。その燃料分をランプ重量から差し引いたものが、最大離陸重量になります。

◆固定翼の飛行機も最大離陸重量では着陸できない

さらに最大着陸重量（Maximum Landing Weight）があります。先ほどお話ししたように、小型機ではランプ重量と最大離陸重量、最大着陸重量が同じものも多いですが、ほとんどの大型機は最大着陸重量が最大離陸重量よりもさらに少し小さいです。

その理由は、脚の強度です。

荷物を積んだ航空機が地上にいるときは、当然、脚は出た状態です。荷重がかかっていますから、条件は離陸時と着陸時で変わらないのでは？　と思われるかもしれません。

しかし地上にいる航空機が荷重に耐えられるのは、静荷重（動きの加わらない荷重）だからです。

実際の着陸の際には、巨大な物体が地面に降ります。着陸は言い換えれば、〝脚を地面に叩きつけている〟ようなものです。当然、静止している状態でどんどん重くなるよりも、地面にドーンと降りるほうが車輪脚部に大きな力が加わるのは想像できるかと思います。このドーンとかかる力に脚が耐えられる最大の重さが、最大着陸重量になります。

ちなみにそのドーンと降りる速度（沈下率）はどれぐらいかというと、1秒間あたり6メートルになります（航空機によって異なります）。

◆飛行機が燃料を満載にして飛ぶことはあまりない

エアラインの航空機は、燃料や貨物を完全に満載にして飛ぶことはほとんどありません。

その理由は離陸の条件が厳しくなるほかにも、重量が重いと真っすぐ巡航飛行するだけでも燃料消費が多くなるからです。荷物やお客さんは有償荷重といいましてお金が儲かる重さですので、それは最大限積むことはあっても、燃料はその航路に必要なだけで十分とするのが一般的です。

もちろん、何かイレギュラーなことがあったときにどこか別の飛行場へ行ったり、上空で何分間かホールドしたりするための予備燃料は十分積んでいます。そういった物を積んだ上で、必要な燃料だけを積んでいます。

車ならガソリンスタンドへ行ったらその都度、燃料を満タンにするイメージですけど、飛行機は満タンにしないのが基本なのです。

◆離陸直後に着陸しなければならないときは燃料を捨てる

また、離陸直後に何かトラブルがあって着陸しなければならなくなった場合、燃料を満タンで荷物もお客さんもいっぱいの状態だとしたら、そのままの重量では着陸できませんので何かを捨てるしかありません。当然、お客さんや荷物を捨てるわけにいきませんから、燃料を捨てるしかありません。

なので航空機によっては、fuel vent（燃料抜き弁）と呼ばれる、燃料を空中から捨てる機構が付いていることが多いです。もちろん環境にはよくないのですけどね。戦闘機にはまず間違いなく付いています。

例えばF-15は、燃料満タンにして外装の燃料タンク（増槽）3本を積んで、さらにミサイルを全部積んでも最大離陸重量は超えません。必ず離陸できます。

ところが、その重量で着陸はできません。なので緊急手順マニュアルには、

「もし、重量いっぱいの状態で着陸する必要がある場合、燃料を捨てるか、外装物を投棄しなさい」

と書いてあります。外装している燃料タンクを捨てるか、ミサイルが付いているパイロン（武装を機体に装着させる装置）ごと落っことして機体重量を軽くし、最大着陸重量以下にしてから降りるという手順になっています。先ほど言ったようにそれをしないと、ドーンと車輪が着いたときに車輪が壊れたり、ボキッと折れるかもしれないからです。

ちなみにエアラインの航空機だと、燃料を捨てるか、もしくは上空でホールドして、最大着陸重量を下回ったらアプローチを始めるという手順になると思います。

戦闘機などの性能諸元は常にその最大性能を表しているということを念頭に置いていただければと思います。そしてそこからもう一歩踏み込んで、実際に運用する上では、最大の性能に対してさまざまな制限や足枷もあることを理解していただけるとお話しした甲斐があって嬉しいです。

第20話　X-2で学ぶステルスの科学——ステルス性

◆エンジンやベクターノズルを研究するための技術実証機

今回のお話はステルス性能です。先進技術実証機（Advanced Technological Demonstrator-X：ATD-X）X-2が2016年4月に初飛行して、YouTubeの動画で少しお話をしたら1万PVを超える大きな反響があったので、やはりみなさんは新しい技術に興味をお持ちなんだなあと感じました。

視聴者さんとのやりとりで「新戦闘機の新しい部分は何ですか」という質問を受けることも多かったのですが、最初に申し上げておきたいのは、X-2は新しい戦闘機や次世代戦闘機ではなく、先進技術実証機という分類の機体になります。

防衛省に防衛装備庁（ATLA。当時は技術研究本部［TRDI］）という、将来に兵器として使える可能性がある新しい技術をいろいろ研究をしている組織があるのですが、そこがさまざまな実験をするために開発した機体ということになります。なお、技術実証機と書く場合もあるのですが、どちらでも内容的には同じです。

このX-2については、世界的に見ると先進と呼ばれるような技術は実はありませんでした。ただ、日本国内での採用もしくは開発製造となると、先進に該当します。

例えばエンジンです。次期戦闘機のための大型のジェットエンジンとして、X-2はXF-5というエンジンを積んでいます。これはT-4のF-3エンジンよりも大きな推力を持っています。一般的に戦闘機には一つで10トン近い推力が必要だと言われていますが、そういった大出力のエンジンの開発およびテストが行なわれました。

あと、ベクターノズル（推力偏向装置）といって、エンジンの排気ノズルの向きを変えることで機動性の向上を図るものです。そのもののつくりから、それを使った航空機の飛行制御（操縦系統や制御系統）の検証、どんな飛行特性になるかといったデータ収集を行なったと思います。

加えて、やはり話題の中心になりますけど、ステルス理論ですね。そういった部分の実証と検証などがこの機体で行なわれたということです。

◆センサーにはレーダーの他に赤外線や光学もある

さて、本題のステルス理論のお話に入っていきたいと思いますが、そもそもステルスって何ですか？　という視点から説明していきたいと思います。

ステルスを言葉で書くと、

「飛行機や船、車両などの兵器を、各種のセンサーから探知されにくくするような技術」

ということになります。一般社会で使うものにステルス性能を求めるものはないので、主に兵器ということになります。

ここで「各種のセンサー」というと、みなさんが最初に思い浮かべるのは大体レーダーだと思います。

ただ実際のステルスは、レーダーだけから探知されなければいいというものではありません。レーダー（電波）の他に、センサーには赤外線や光学といったものも含まれます。

赤外線センサーは、物体が持つ熱をその周りとの温度差によって感知するような技術です。赤外線ミサイルやF-2にも搭載されているIRST（Infra-Red Search and Track system：赤外線捜索追尾システム）のような、赤外線を利用して識別をする機器です。

あと光学とは何かというと、みなさんが本なりスマートフォンなりを目でご覧になっていると思いますが、この目で見ているのは可視光線といって、数ある電磁波の中でも人間の目が見ることができる範囲のある種の波です（なお、電磁波とは電界と磁界が組み合わさって発生するエネルギーの波で、電波や赤外線、可視光線はその中の一種となります。とくに電波は周波数が3THz以下のものを指します）。

光学に対するステルスというと、その人間が見える範囲の電磁波をステルスする、平たく言えば見えなくしてしまうことです。つまり透明人間化みたいなことをやってしまおうという技術で、こういった物もステルスと言われています。

これはなかなか現実味がないと思いますが、「攻殻機動隊」というアニメの世界で、光学迷彩といって合羽（かっぱ）みたいなものを着ると周りの景色と同化しちゃって外から見ても分からないくなる。でも動くと、ちょっと画像がずれてしまうといったシーンがありました。ああいったものも一種のステルス技術です。

◆基本は、来た電波を相手に戻さないこと

今回は、ステルスで一番重要ではないかと思われる、対レーダーのお話をしたいと思います。

レーダーの原理は【第2話　レーダーで何が分かるのか――レーダーの原理（17頁）】のところでもお話しさせていただきましたが、簡単に言うと、相手に対して飛ばした電波が、その相手に当たって自分の方に跳ね返ってくる。その跳ね返ってくる電波を解析することで、相手の方向や距離、高さを算出するというものです。

電波の速度は光と同じと言われていますので、1秒間に地球を7周半する速さです。例えば電波が行って（相手に当たって）跳ね返ってくるのに1秒かかったのであれば、光のスピードで0・5秒かかるような距離に相手がいることが分かるわけです。

この原理を理解していれば、対レーダーのステルスをどうすればいいかが分かってきます。

本当は相手に電波を出させないのが一番簡単なんですけど、それはちょっと無理がありますから、自分の側でできることだと、まず第一に、来た電波を（相手の方に）跳ね返らせないということが一番単純な方法です。

でも、その跳ね返らせない方法にも何種類かがあります。例えば、やって来た電波を（来た方向とは）全然違う方向に飛ばして、出してきたアンテナの方に戻さないといった方法。もしくは、来た電波を自分自身が吸収してしまって、跳ね返らせない方法が考えられます。

さらに、ちょっと視点を変えて、電波が自分に当たって跳ね返っていくときに、跳ね返る電波の周波数などをわざと変えて、〝嘘の電波〟に切り替えて送り返す方法もあります。嘘のメールを送り返すみたいな感じですね。そうすると相手は情報を得られたと思い込みますが、それはすでに嘘の情報なので意味がありません。

こういった方法も、広い意味ではステルスといえますが、ECM（Electronic Counter Measures）や対電子戦の妨害といった意味合いで使われることも多いので、今回は除外させていただきます。

今回は来た電波を来た方向へ返さない、もしくは来た電波を取り込んでしまう方法について説明をしたいと思います。

◆RCSは角度によって大きく変わる

レーダーやステルスの仕組みをお話しする前に、RCS(Radar Cross-Section：レーダー反射断面積）という用語の説明をしたいと思います。この話題はこの用語抜きには語れません。

RCSとはものすごく簡単に言うと、みなさんが自分自身がレーダーだとして、私を見たときに見える私の表面の面積を指します。

ただこの表面の面積という表現は、ちょっと考え方がRCSと微妙に異なりますので、違う例を挙げます。では、長方形で薄い、一般的なスマートフォンを例とします。みなさんからスマートフォンの真上しか見えない角度で見せると、スマートフォンは非常に小さな断面積となります。しかし角度を変えて、みなさんにスマートフォンの画面を向けると相対的には大きな断面積となります。

このように、RCSは相手の形状や姿勢によって、コロコロ変わるというものです。

それともう一つ、1平方メートルの板があったとして、それをみなさんにバーンと向けたとします。この場合、面積が1×1メートルなのでRCSは1平方メートルになるかというと、これも実は微妙に異なります。

なぜなら、「電波を反射しやすい素材での1平方メートル板」と「電波を反射しにくい素材の1平方メートル板」の場合では、RCSは後者のほうが非常に小さくなるからです。要するに、実際に目で見えている大きさと、電波が跳ね返るか否かの有効性は異なるということになります。

なので、前から見たときにすごく薄っぺらい戦闘機だから、レーダーには大きくは映らないだろうなと思っていても、素材が鉄板でできているとか、エンジンのエアインテイク内のファンブレードが丸見えの場合は、見た目以上にRCSが大きくなってしまうこともあります。

アメリカのB-2ステルス爆撃機などは機体自体は非常に大きいですが、RCSは非ステルスの小型戦闘機よりも非常に小さくなります。

つまりここで申し上げたかったことは、RCSは単純な前面からの投影断面積とは異なるということです。

◆被探知距離を半分にするにはRCSを1／16にする必要がある

また、ステルスは見えなくするという方法ですが、もう一つ、相手を騙すという方法もあります。これも一種の見えなくする方法です。

例えば、レーダーから見て、「おっ、自分から100マイルのところに相手がいるな」と思ったとします。でも実際は50マイルでした。

これは相手にとっては見えていない状態とほぼ同じです。間違いなく対応が遅れますし、間違えて何か指示をしてしまうかもしれません。（相手から完全に見えなくなることができなくても）この騙しによって目的はある程度達成できるわけです。

では、この探知距離を半分にしたい場合はRCSをどうすればいいのでしょうか（実は計算式があるんですけど、煩雑になるので本書ではちょっと割愛させていただきます）。簡単にはこんな感じです。あるレーダーの探知距離を半分にしたいとします。

例えば、ある大きさの物体が100キロの距離で（相手の）レーダーに映るとします。それが50キロの距離までレーダーに映らないようにしたい場合は、その物体のRCSを16分の1にすればいいということが計算で割り出せます。

ここが難しいところですが、1の反射断面積を持つ物体が100キロから探知されるから、50キロまで探知されないようにするにはRCSを半分にすればいいというわけではありません。要は、探知距離を短くさせようとすればするほど、RCSを二次関数的に小さくしていく必要があります。

限りなくゼロに近づけるのが理想ですが、やはり限界はあります。ですのでレーダーに〝まったく〟映らない機体をつくることは、とてもとても難しいことになります。

◆レーダーに探知されやすいのは「平面」と「箱型」

まったくRCSをゼロにはできないとしても、可能な限り小さくしていくにはどうしたらいいのでしょうか。簡単には電波を反射しない構造にしてしまえばいいわけです。

それでは逆に、電波を反射する構造とはどういったものでしょうか。

基本的にはまず、直角になっている平面です。電波の進行方向に対して直角となっている平面の板があれば、鏡を自分

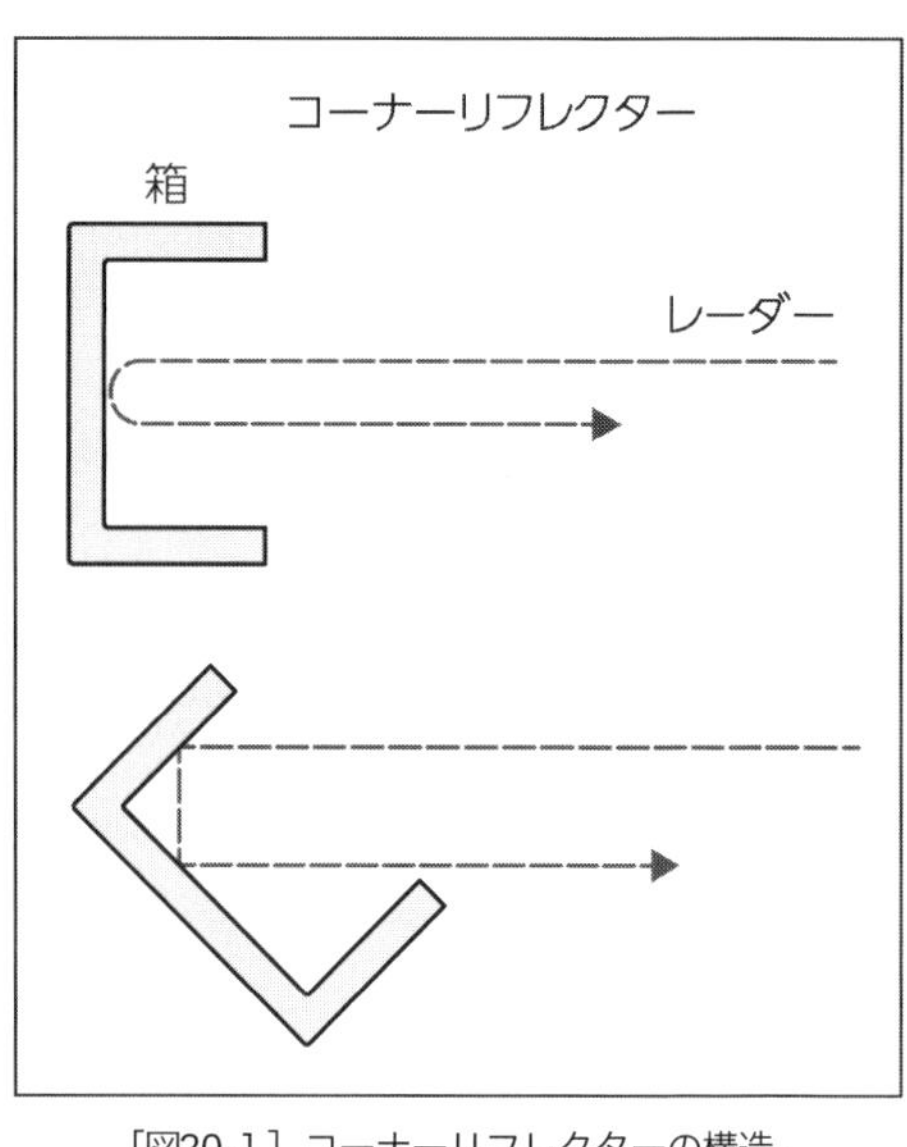

［図20-1］コーナーリフレクターの構造。
箱型だと内部で何度か反射させて、結局は
レーダーを戻してしまうことが多い。

に向けるようなものですから、電波は非常に跳ね返りやすくなります。

もう一つは箱型です。段ボール箱があったら、その中を覗いて角を見てください。角、中の隅、底3枚、縦・横・底の板で囲まれた三角形の空間があると思います。この構造を「コーナーリフレクター」といいまして、やはり電波を反射しやすい構造になります［図20-1］。

電波を反射しやすい構造は基本的に平面と箱型の2つですが、さらに長さが電波の半分の長さ（半波長）の倍数である場合、より反射しやすくなってしまいます。

電波というのは波です。電気の波と書き、人間が話す声（音波）もその一つです。人間が聞こえる音波は20〜2000Hz（ヘルツ）だといわれています。

電波も同じように周波数があります。その電波は一つの波ではなく、電界と磁界と呼ばれる2つの波の合成になっています［図20-2］。

電界が縦の波であるならば、磁界は横に90度ずれて進んでいます。この電気と磁気の2つが同時に進んでいるのが、電波といわれています。

一つひとつの波は同じような形状をしていますが、そのうちの一つの波が上がって下がって元に戻るまでを1波長（ラムダ）という言い方をします。

この1波長は何センチの波長とか何メートルの波長と呼ぶのですが、1波長の半分となる長さの倍数の物体だと、より電波を跳ね返らせやすい特徴があります。

例えば航空無線で使用されるMHz（メガヘルツ）帯ですが、1MHzの波長は300メートルです。レーダーなどで使用されるGHz（ギガヘルツ）帯となると、1GHzの波長は30センチとなります。つまり両方とも、半波長15の倍数になっています。

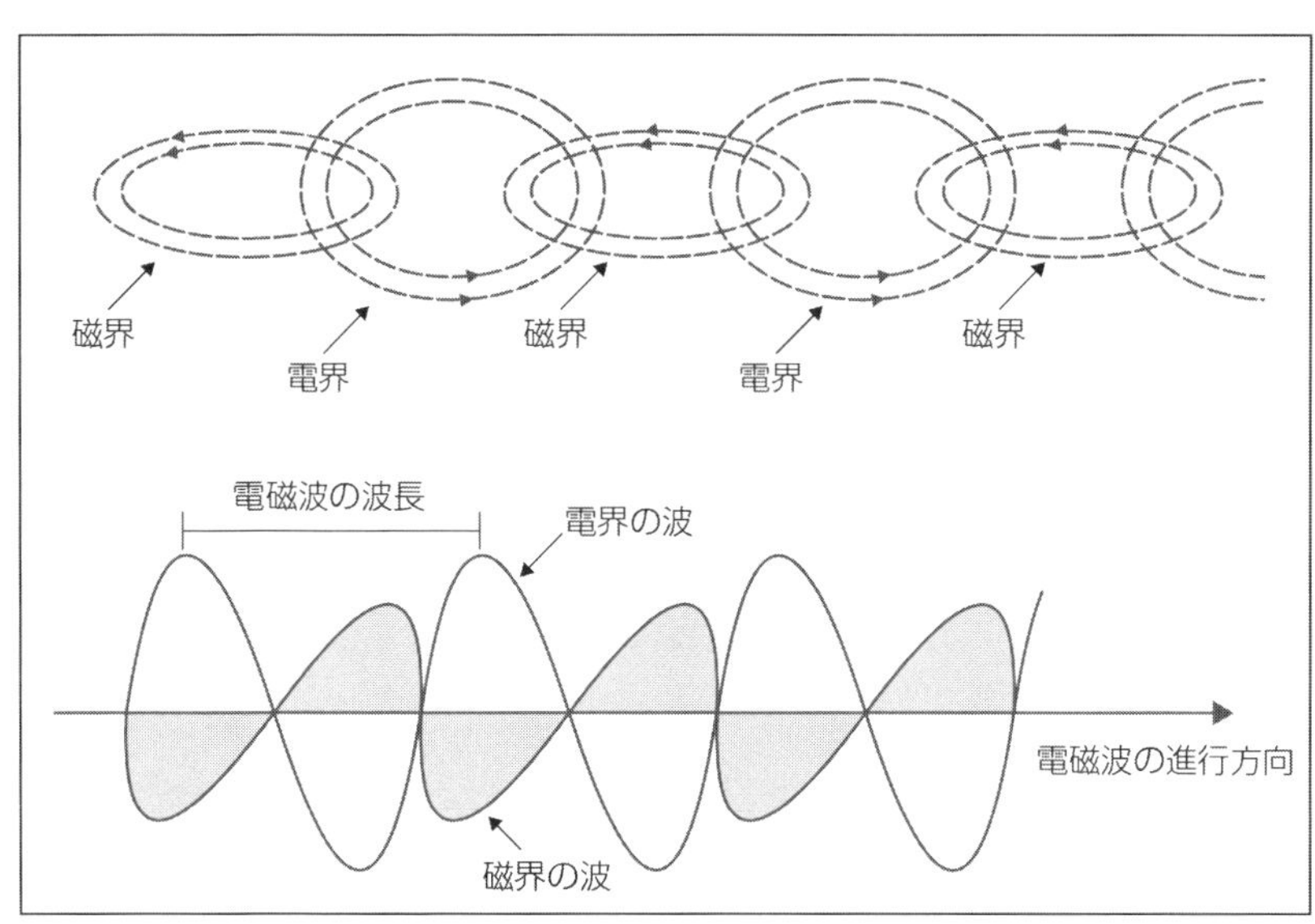

［図20-2］電波（電磁波）のイメージ図。電波は電界と磁界という２つの波の合成でできており、例えば電界の波が縦に波になっているのではあれば、磁界は90度ずれて波になっている。つまり電気と磁気が90度ずれて同時に進んでいるのが電波となる。

また、テレビのチャンネル13（ＣＨ13）の周波数は約４７３ＭＨｚで、正確に計算すると、波長は633.6193257ミリ、約60センチになります。

昔のアナログテレビで使用されていた「八木アンテナ」は前方の短いアンテナが導波器と呼ばれる電波を集める物ですが、この長さがＣＨ13の波長の2分の1、つまり30センチ前後になっています。その後ろの放射器(電波を受け取ってテレビに送るアンテナ）は1波長、60センチになっています。つまり、使用する電波の波長に応じて、アンテナの長さが決まるということです。

また、尖っていても電波を非常に反射しやすいことになります。

鋭利な物体は断面積が小さいため、一見、レーダーを反射しなさそうに思えるかもしれません。確かに先端部分は反射しにくいですが、その手前の部分は直線や平面で構成されているため、意外と反射しやすい形状となります。

◆究極のステルス機の形状は「球」

これらの電波を反射しやすい形状の情報を踏まえて、ステルスの機体をつくるにはどんな形状がいいかをちょっと考えてみてください。

そのまま逆に考えていくと、直角になる平面部分がなく、箱型にならず、電波の半波長の長さにならない形状がよいということになります。最後のすべての電波に対して半分にならないというのはちょっと難しいですが、鋭角にならない（尖っていない）と考えてもらえばよいかと思います。

そう考えていくと、一番理想的な形状は球です。まん丸の球が実は理想なのです。球でもある一点は（レーダーに対して）直角になるかもしれませんが、それ以外の部分では電波は（発信源の方向へ）すべて跳ね返さないことになります。

そして箱型ではなく、どこも鋭角ではありません。ですから本当に綺麗なまん丸の飛行機をもしつくることができれば、ステルス性は一番いいはずです。

……はい。でも無理ですよね。昔、アニメ「機動戦士ガンダム」にボールという、人が一人乗り込んで上に大砲がついているような兵器が出てきましたが、実現化するのはちょっと難しそうです。

◆ステルス性を高めるための8つのポイント

では、実際にはどうしているのでしょうか。以下のような工夫をしています。

①複雑な構造物にカバーを付ける
尖っている部分やコーナーリフレクター箱型、もしくは凹んでいる部分をつくらせないために、そういった構造物には滑らかなカバーを付けるという考え方です。

②エアインテイクを曲げる
エンジンに空気を供給するために機体前面にはエアインテイクがあります。エアインテイクの奥にはジェットエンジンがあり、その中にはファンブレードがあります。つまり非常に巨大な大きい鉄板があるわけで、真正面から見たらレーダーの電波を反射しまくりになります。

そのため、あえて空気の通り道を（正面から見て）少し曲げるようにします。もちろん通り道は真っすぐであったほうが、本当は空気が取り込みやすいのですが、あえて少しずらしてあげます［図20-3］。

すると電波はエンジンのファンブレードに直接当たりま

せんから、機体のＲＣＳを小さくすることができます。

③エアインテイクに金網を付ける

　どうしてもエアインテイクを曲げることができない場合は、エアインテイク内部に金網を斜めに角度を付けて張ります［図20-3］。ちょっと空気の吸入効率が悪くなりますが、金網を斜めに当てることで、電波を来た方向へ反射させずにすみますので、これはこれでステルス性能を上げることができます。

④滑らかな曲線／単純平面にする

　機体形状を円形にはさすがにできないですけど、できる限り滑らかな曲線にしてあげる方法があります。もしくは単純平面にして、かつ相手に対して直角になりにくいような角度を付ける方法も効果があります。

　単純平面というのは、平面の繋がりにしてしまうということです。例えば、アメリカのズムウォルト級ミサイル駆逐艦のようなイメージです［図20-4］。あのステルス艦は何枚かの板みたいなもので囲まれています。

　船は一般的に横から見ると、大砲があって、艦橋があって、上にアンテナがあったりするので、非常にがっつりとレーダーに映ってしまいます。

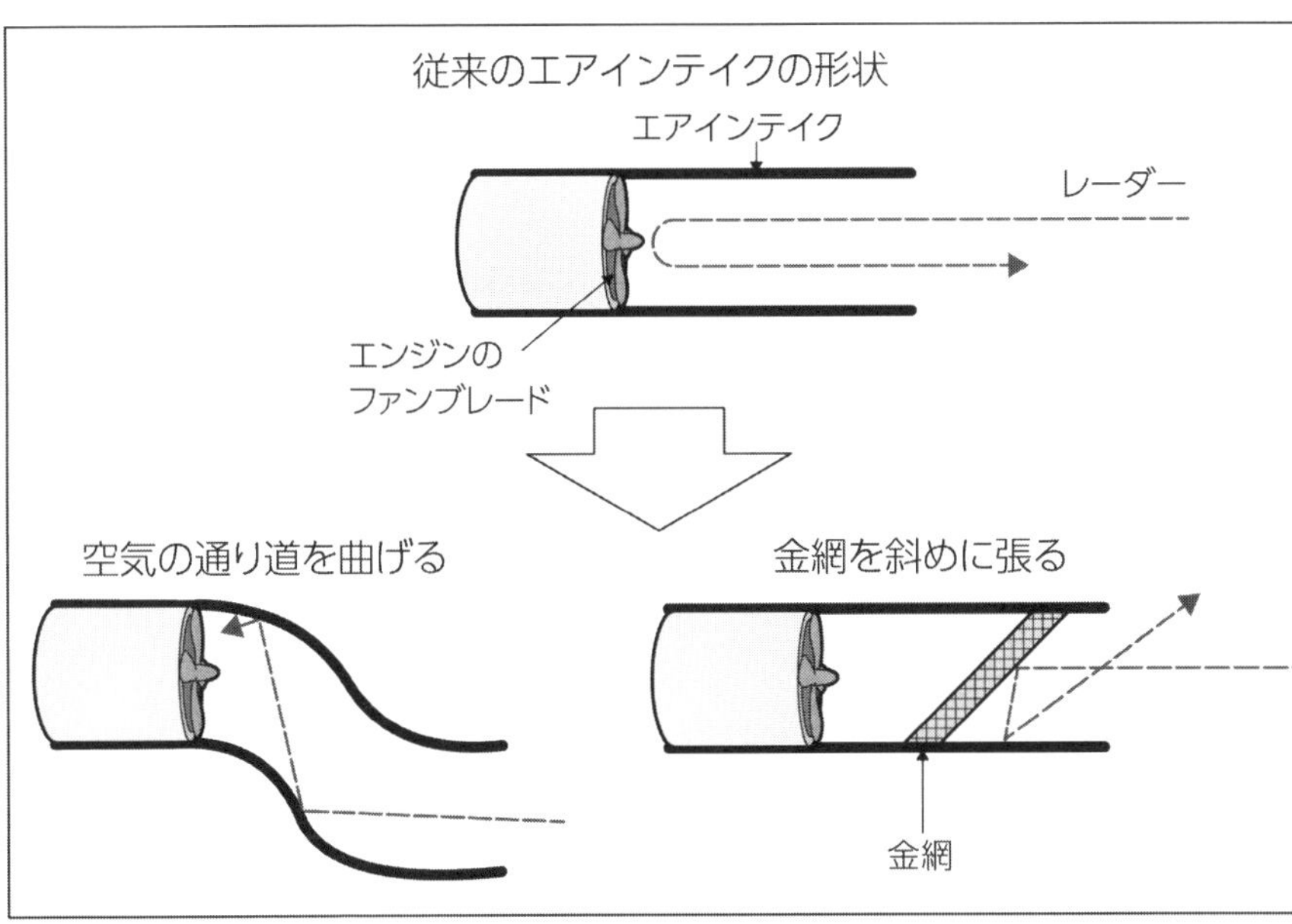

［図20-3］レーダーを戻さないためにエアインテイクに施される２つの工夫。

［図20-4］レーダー反射を抑えるために単純平面で構成されているズムウォルト級ミサイル駆逐艦。前だけでなく横のステルス性能も高く、前から見ると台形みたいな形状をしていて、横から来たレーダーを（来た方向には）跳ね返さないようになっている。

しかし、前から見たときに台形みたいな形状にすると、横から電波が来たときに（来た方向に）跳ね返さず、相手に戻しにくくするパターンです。この単純平面も、相手（レーダー）から直角にならない角度になるようにすることが重要です。

⑤機内へ格納

アンテナやセンサー、外装する爆弾やミサイルといった突起物の部分は小さくてもステルス対策がされておらず、直線または平面ができやすいので場合によってはリフレクター構造（反射しやすい形状）になってしまいます。また、ミサイルなどの先端部分はレーダーや赤外線を受けるアンテナ（通常は平面やパラボラ形状）がありますので、電波を反射しやすいことになります。

そこで、これらをあらかじめ滑らかにした機体の中に格納してしまいます。つまりアンテナやセンサーは機体表面から突起しないようにし、爆弾やミサイルは外装するのではなくウェポンベイに収納して運用します。外から見たときに、できる限りつるんとした機体にしてしまうのです。

⑥各翼を斜めに取り付ける／なくす

各翼を斜めに取り付けたり、場合によってはなくすという選択肢もあります。

B-2爆撃機のように垂直尾翼のない飛行機がありますが、垂直尾翼は横から見たときに非常に大きな板となりますので、それをなくすことで横から見たときのRCSを大幅に小さくすることができます。

あと、各翼を斜めに取り付けることによって、胴体に対して垂直（直角）に翼を付けた場合は正面から電波が来た場合に（来た方向に）跳ね返してしまうので、斜めにすることで電波を戻さないようにすることが期待できます。

ただし、斜めにした角度とちょうど垂直な方向から電波が来た場合は電波を返してしまうことになるので、何度斜めにするかは非常に難しいところです。そこで機体正面と真横からのレーダーは返さないようにします。つまり、最も理想的な角度は45度になるということです。

船も戦闘機も通常進む方向や、武器を発射する方向は大体決まっています。戦闘機であれば一般的に正面です。真っすぐ正面に向いたときにミサイルを撃つのですから、正面のRCSがやはり重要になってきます。

一方、船は正面ではなく、前・後ろ・側面の武器をすべて使えるように、相手に対して真横を向ける状態が理想です（もちろん最近はVLSみたいな垂直発射型ミサイルもありますが）。

⑦構造物の厚みと波長を利用する

構造物の厚みと波長を上手く利用する方法です。

通常、電波は相手（対象）に当たって跳ね返っていきます。

しかし物体に厚みがあった場合は、電波の一部は物体の内部に入って、この内部で反射してから返っていくことになります。要するに、「機体の外側」と「機体の厚みの内側」の2ヵ所で電波は跳ね返ることになります。

物体の厚みを相手の電波が使ってくるであろう波長の半分の厚みにしてあげると、返っていく電波は位相が半波長分ずれることになります。そのことで、こっちに来ている電波と返っていく電波が互いに打ち消し合うことになります［図20-5］。つまり、（素材の厚みによって）レーダーの電波を半波長分で綺麗に返した場合は、来た電波と返る電波がお互いに打ち消し合って、反射をなくすことができるわけです。

ということは、一般的なレーダーが使っている周波数帯、とくに敵方のレーダーの周波数帯の波長が分かれば、外板の厚みをコントロールすることで、電波を返さないようにすることができるようになります。

ただ、電波は微妙にずれたりしますので、万能ではありません。また、レーダーは周波数や波長を自由に制御できます

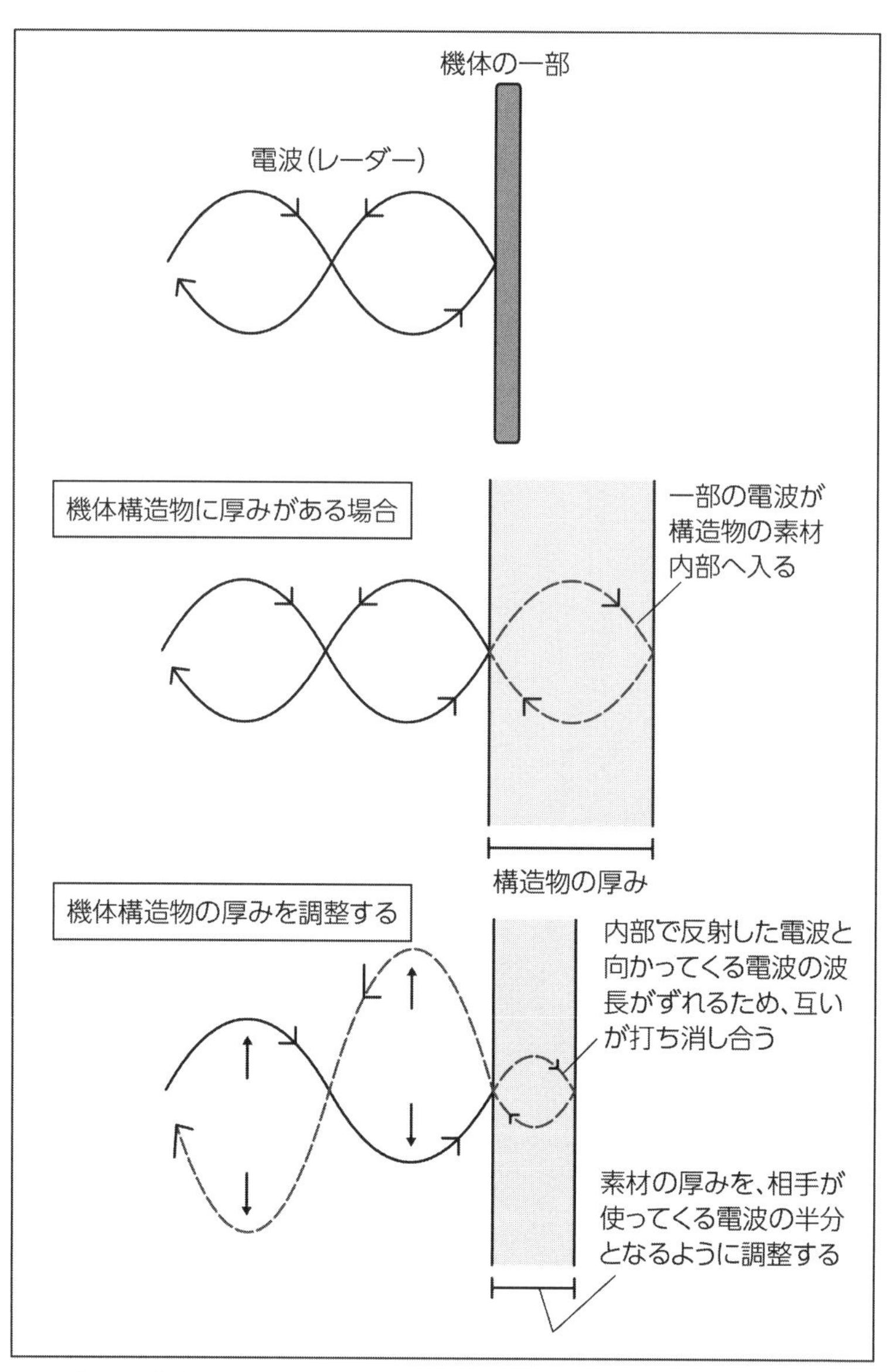

[図20-5] 相手側のレーダー周波数帯の波長が分かっていれば、機体構造物の厚みを変えることで「向かってくる電波」と「反射する電波」が互いに打ち消し合うようにして、電波を返さないようにすることもできる。

し、常に相手が送ってきている電波の波長を正確に把握することは難しいので、やはり万全ではありません。

⑧電波吸収部材や塗装をする

電波そのものを吸収してしまう部材や、表面に塗る塗装を使用する方法もあります。これらをＲＡＭ（Radar Absorbent Material：電波吸収体）といいます。

ただどれ一つとっても一長一短がありますので、ＲＣＳを完全にゼロにすることは非常に難しいです。

もし将来的にその可能性があるとしたら、基本的なことを押さえつつ、⑧の電波を完全に吸収してしまう部材をつくるか、もしくはＥＣＭのように半波長ずらした電波を戻すなど嘘の情報を流す技術が必要になるのではないかと思います。

◆赤外線センサーに対するステルス対策

ここまでレーダーへのステルス対策を説明してきましたが、赤外線への対策はどうすればよいでしょうか。

赤外線なんかは、何よりもまず温度が高いところですね。一般的に飛行機が飛ぶのは上空なので、10℃以下や氷点下といった非常に寒い中を飛ぶことになります。一方、飛行機はジェット燃料を燃やして、非常に高温な排気ガスを出していますから、冷たい中にポンンと熱いものが存在することになってもうバレバレです。

そこで高温となる部分を隠したり、高温の排気ガスを空中に早く拡散させることが、赤外線に対するステルスといわれています。

従来はステルス対策ではないのですが、例えば赤外線ミサイルを発射されたと思ったら、F-15ではアフターバーナーを止めて、スロットルを一時的にアイドルもしくはミリタリー（アフターバーナーなしでエンジンを最大回転させた状態）まで絞り、フレアと呼ばれる花火をばら撒くテクニックがありました。これによりエンジンの熱量が下がって、フレアの熱量がエンジンの熱量を上回れば、ミサイルはフレアの方に向かっていくわけです。

あとは、エンジンの排気ノズルにカバーを付けたり、排気管そのものを外に露出させないように、翼の上の隙間から、エンジンの排気を出すようにする飛行機もあります。

ここで、なぜ上へ逃したほうがよいかというと、飛行機を撃ち落とそうとするのは飛行機か、地上からのミサイルなので、下方から見たときに熱源が見えないほうが有利だからです。こういった工夫も赤外線ステルスと呼ばれています。

◆X-2に見るステルスのための工夫

ここまでの説明してきたステルスのための工夫を、X-2の写真で確認することができます［図20-6／-7／-8］。

まず一つは、構造をレーダーが入ってくるであろう方向に対して直角にしないという考え方です。機体は全体的につるんとした形状です。また主翼は後退角で、エンジンのエアインテイクの前（フィレット）や垂直尾翼も斜めに後ろに下がっている形状になっています。

それと前脚の扉も、正面から見える部分は45度ずつの角度で切欠きが付けられています。これによって正面から来た電波を真横に反射することになります。

そして、左右にあるＥＣＳ（Environmental Control Systems：環境制御システム）のための排気口も45度の綺麗なギザギザ形状でつくられています。あと、キャノピーのガラス部分には電波を反射しにくい塗料が使われています。

なおＥＣＳ排気口とは、エンジンで圧縮された空気をエアコンなどに利用して排気する場所です。

［図20-6］２０１２年に岐阜基地で展示された技術実証機X-２の風洞試験用１／10スケールモデル（この頃は「心神」と呼ばれていた）（写真：Hunini）。

［図20-7］２０１６年に岐阜基地で一般公開された技術実証機X-2の前部胴体（写真：Hunini）。

［図20-8］２０１６年に岐阜基地で一般公開された技術実証機X-2の側面（写真：Hunini）。

横から見たとき、垂直尾翼は非常に電波を反射しやすい存在です。F-15なんかは直角に立っていますが、X-2は外側に広がっていて、真横からの電波を真っすぐ返さず、下向きに反射するようになっています。

胴体も垂直な部分がどこにもなく、電波が全部斜めに反射されるようになっています。

そして正面から見たとき、非ステルス機の場合はエアインテイクの中にすぐにファンブレードが見えるのですが、X-2のエアインテイクは中のエンジンが見えないようになっています。

要するに、大きな鉄板であるエンジンのファンブレードを見せないように、ダクトを湾曲した構造にしているということです。


より高い高度をより高速に、たくさんの爆弾を持って飛べる機体がもてはやされた時代もありましたが、今は、自分自身の損耗を最小限に抑え、かつ相手が気づかないうちに近寄って戦闘行為を行ない、離脱をするといった方向にシフトしている気がします。

何でもかんでも物量で勝負するのではなく、できる限り穏便に忍者みたいにこっそり帰ってくる。それが結果的に一番経済的なのかもしれません。

第21話　ベクターノズルで空戦に強くなるのか――未来兵器と戦闘機

◆船やロケットでは普通に使われている

今回は、X-2の第二弾として、ベクターノズルについてお話をさせていただきます。前回はX-2の一番の注目点だと思われるステルス性能をテーマにしましたが、もう一つの目玉としてベクターノズル、つまり推力偏向ノズルがあります。

X-2の場合は排気ノズル自体の方向を直接変えるのではなく、推力の出る出口にパドルと呼ばれる板を3枚セットして、その板の角度を変えることで推力の方向を変えるタイプです。

本題に入る前に、まず広い意味でのベクターノズルについて説明します。

推力方向を変化させるベクターノズルの技術は航空機では珍しいのですが、実は船舶やロケットではすでに採用されています。ただしベクターノズルとは認識されず、別の意味で使っています。

例えば船舶では、船の底の部分に（エンジンから）シャフトが出ていて、その先に推力を生み出すプロペラが付いています。そして舵がこのプロペラの後ろに付いています。このプロペラが回した海水を、その後ろの舵で切ることによって船が進む方向を変えているのです［図21-1］。

同じようにロケットでも、尾部の円錐状のノズル部分は固定されておらず自由に動くようになっており、前後左右に方向を変えてミサイルの軌道を変えることができるようになっています［図21-2］。これも広義ではベクターノズルといえます。

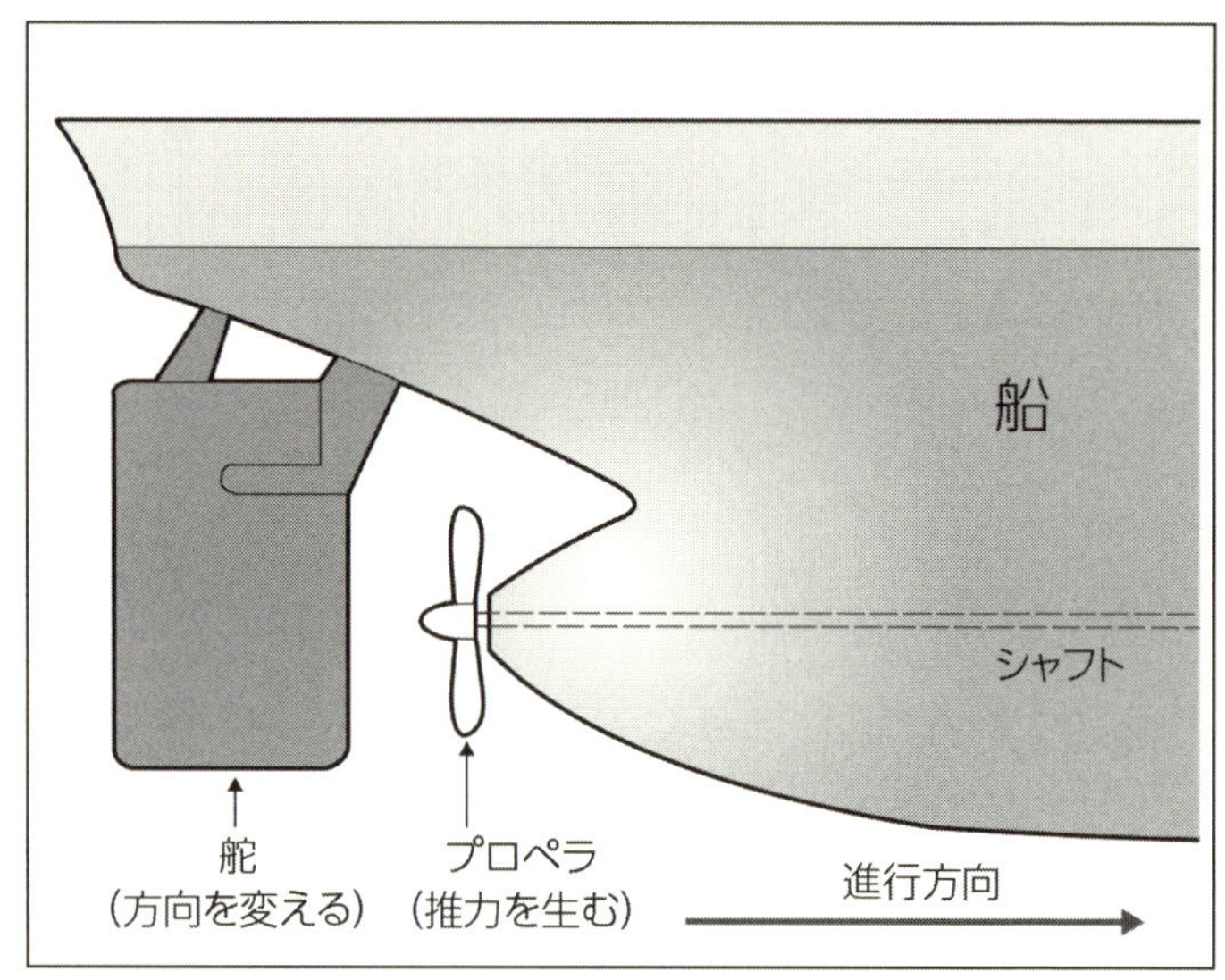

［図21-1］船舶のプロペラと舵。プロペラ自体が方向を変えるのではなく、プロペラが生み出す推力を、その先の舵を動かすことで変えている。

◆目的は①S／VTOL性能と、②運動性の向上

実際ベクターノズルを積むと何ができるようになるかというと、基本的には目的によってさまざまです。船舶やロケットでは基本的に自分の進行方向を変えるために使われていますが、航空機の場合はちょっと意味合いが違ってきまして、大きく分けて2つあります。

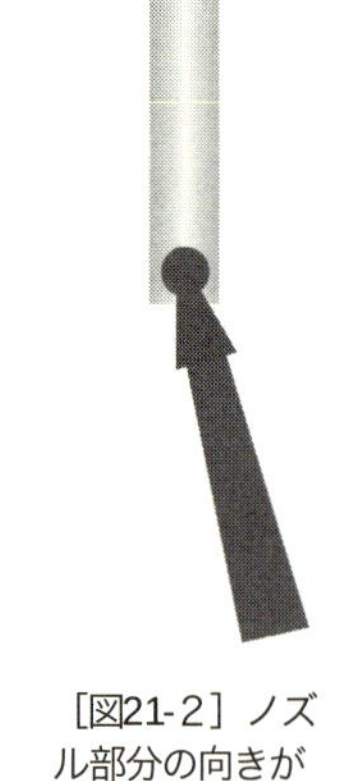

［図21-2］ノズル部分の向きが変えられるようになっているロケットのイメージ。

一つはS／VTOL（Short/Vertical Take Off and Landing：短距離／垂直離着陸。エス・ブイトール）といって、より短い距離や垂直に離着陸ができる性能を得るため。もう一つは飛行時の運動性を高めるためです。

前者のS／VTOL性能の確保のためにベクターノズルを持つ機体としては、有名なのはAV-8BハリアーIIとF-35Bです。

AV-8Bは4本のベクターノズルの方向を真後ろから真下に変更することで、垂直に上昇したり降下したりを可能にしました。

F-35Bは、機体の胴体中央部にエンジンで駆動するファ

ンを付けて、それを下方に噴射させてつつ、機体後ろのベクターノズルも90度近く下に向けることで垂直離着陸を可能にしています。

あと、広義の意味では、V-22オスプレイも離着陸時にはプロペラの方向を垂直にし、上空に上がったらプロペラを前に倒すことで前に進む推力を得ていますので、ベクターノズルを持っているといえると思います。

後者の運動性向上のためにベクターノズルを備えている機体として有名なのは、スホーイのSu-37やF-22、あと日本の技術実証機X-2などが挙げられます［図21-3］。

この場合もSTOL性能は向上するのですが、VTOL能力はありません。その代わり、上空で運動性能を高め、また低速時や高速時の旋回性能を向上させます。

また場合によっては、無尾翼のB-2爆撃機のような平たくて安定性に問題がある機体が、縦横4方向のベクターノズルによって飛行制御を補っているケースもあります。

◆ベクターノズルは空中戦に貢献しない!?

なぜX-2でベクターノズルがこれほどまでに注目された

［図21-3］ロシアのサトゥールン科学製造合同が開発し、Su-57に搭載される推力偏向ノズル付きのエンジンAL-41F1。左右に16度、上下に20度ずつ可動すると言われる（写真：Doomych）。

かというと、一つは日本が開発した機体では初めて（ベクターノズルを）備えた航空機であることと、もう一つは「これによって空中戦で有利になる！」とマニアの方が胸をワクワクされたからではないかと思います。

ただ後者に対しては、私は「まぁ、そうかもしれないね」といった冷めた考え方です。現状、ベクターノズルを積んだからといって空中戦で圧倒的有利を確保できるか、平たくいうと強い戦闘機になるかというと、私の中では疑問です。本音をいうと、そうなるとは思っていません。

もちろん航空機が運用できる領域が広くなるという意味では、ベクターノズルは一つの利点となると思います。つまり、より遅い／速い速度帯や、より低い／高い高度といった、その航空機にとって苦手な空域での操縦性は向上するということです。

ただそのことによって空中戦で有利になるかというと、「そうですかね～？」というのが正直なところです。今回はその理由をこれからお話ししながら、ベクターノズルについて考えてみたいと思います。

◆現在の機動理論ではベクターノズルを活かしきれない

まずは基本的なお話ですが、戦闘機の機動を制御しているものは何だと思われますか（ここでは航空機の中でも飛行機［固定翼］に絞り、さらに戦闘機に絞らせてもらいますね）。

それはまず主翼です。この一番大きな翼によって、大きな機体を浮かせるための揚力を得ています。

でも主翼は機体を浮かして飛ばすだけのものなので、航空機を操るにはさらに動翼が必要となります。具体的には、主翼後縁に付いているエルロン（補助翼）や、T-2にあるようなスポイラー、機体後方に付いている水平尾翼（場合によっては水平尾翼全体が動くスタビレーター）、垂直尾翼などです。

これら動翼が動くことによって揚力の方向を変え、機体のピッチ、ヨー、ロール（上下に傾ける、機首を左右に振る、左右に傾ける）という3軸を制御し、航空機を機動させることができるのです。

ではベクターノズルはどういう存在かというと、主翼と動翼にさらにプラスされるものになります。航空機を浮かすための主翼と、動かすための動翼があって、そのプラスαの動かすものとしてベクターノズルがあるのです。

この「ベクターノズルはプラスαの存在である」ということが、先ほど私が「ベクターノズルで空中戦が有利になる？」との問いに懐疑的だった理由です。

戦闘機対戦闘機で行なわれる対戦闘機戦闘（Air Combat Maneuvering：ＡＣＭ）の理論があるのは、主翼＋動翼で機動する戦闘機に関してまでです。今ある戦闘機はいわゆる第3世代、第4世代、第4.5世代、第5世代で、主力は第4世代から第4.5世代だと思いますが、それらのＡＣＭ理論は主翼＋動翼のみの動きの次元で止まっています。

基本戦闘機動（Basic Fighter Maneuvers：ＢＦＭ）に関しても、例えばF-4のＢＦＭとF-15のＢＦＭでは動きがまったく異なります。ＢＦＭを区別するために航空自衛隊ではF-15のＢＦＭのことをＮｅｗ ＢＦＭと呼んで、明確に分けています。要するに飛ばし方からしてまったく違うのです。これは航空機の世代間の違いです。

つまり、今回このベクターノズルがプラスされても、従来の第4～4.5世代の戦闘機の理論では、まかなえない部分が出てきます。

仮に今あるF-15にベクターノズルを付けて、ベクターノズルの付いてないF-15と空中戦をした場合に、ベクターノズル付きのF-15が必ず勝つかと問われると、私は決してそんなことはないと思っています。

なぜなら、繰り返しになりますが、飛ばし方の理論やＢＦＭがベクターノズルなしの機体で止まっているからです。ベクターノズルを使いこなして空中戦を行なう理論はまだ確立されてないのです。もちろん、ひょっとして今つくっているのかもしれません。しかし私が知る限り、ベクターノズルを使用した空中戦の理論というものはまだ聞いたことがありません。

しかしその意味では、今後ベクターノズルを搭載した戦闘機がどんどん出てきて、ベクターノズルを使用したＢＦＭが確立されたときは、ベクターノズルを持たない一世代前の機体に対しては著しく有利になるのではとも思っています。

◆利点①——失速寸前の状態でも機体の動きを制御できる

先ほどベクターノズルによって運動性が向上するといいましたが、具体的にはどのようなことができるようになるのでしょうか。

まず最初に考えられるのは、低速時の機動です。戦闘機の機動は失速時がミニマムの状態となります。つまり、速度が少ない方の限界点です。

失速してしまうと、主翼（の揚力）が機体の重さを支えられなくなる＝飛べる状態ではなくなるので、そこでは動翼に為す術はありません。要するに、すでに飛べる状態ではないので、機体を制御することもできなくなるのです。

ところがこのベクターノズルがあると、主翼は失速していてもエンジンの推力方向を変えることで、機体の動きを制御できるようになります。

これがロシアのエアショーなんかで披露されるコブラ（急激に機首を垂直に上げて、そのまま水平姿勢に戻す機動［図21-4］）だとか、クルビット（コブラの途中で一回転する機動）、ピオレット（ピンポイントで旋回する機動）になります。そういった機動をパイロットが安定して安全に制御できるようになります。

これらの動きは今までの飛行機では本当にできないのかというと、本当にできません。例えば機首を起こしたときに、失速してしまうとそもそも完全にできませんが、失速していなくても低速域の機動では機体を動かすための動翼をいくら動かしても、そこを流れる空気の量が少ないため舵の効きは悪くなります。

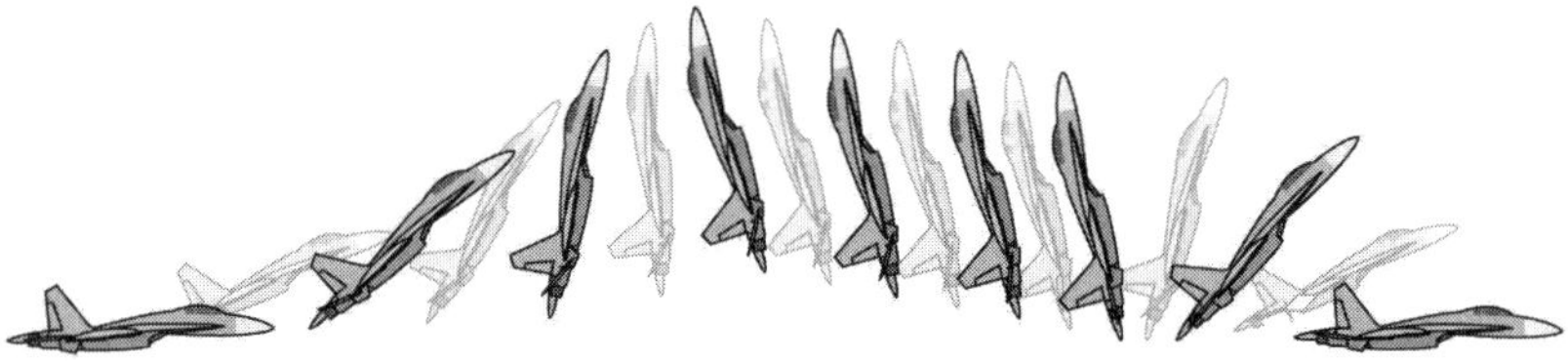

［図21-4］急激に機首を垂直に上げて、そのまま水平姿勢に戻すコブラ機動。「プガチョフ・コブラ」とも呼ばれる（イラスト：Henrickson）。

飛んでいる速度が高速であるほど、その動翼に当たる空気量も大きくなりますので、わずかな舵をきっても飛行機はよく動きます。しかし速度が遅くなるにつれて舵を大きくきる必要が出てきます。そして舵をたくさんきっても、流れる空気が少ないので効きはどんどん落ちていきます。

ところが低速のために動翼が反応が鈍くても、その分をベクターノズルが手助けしてくれることによって、低速域でも高い運動性能を持つことができるわけです。

ではコブラなどの機動は、実際の空中戦では有効なのでしょうか。これはもうズバリいいますと、現在までの空中戦の理論での話になりますが、使いません。

コブラやクルビットといった機動は結局、低速域における機動です。しかし空中戦の真っ最中に、コブラをするために速度を落としたりすると、まず落としている途中でやられてしまいます。

やはりある一定の起動性が確保できるような速度域、また相手と同じぐらいの速度域の中でお互いに後ろを取り合ってミサイルを撃つという関係上、速度を落とすことはイコール相手に追いつかれることを意味します。その意味では、コブラ機動を披露する前に撃ち落とされてしまうはずです。

ただなんらかの要因で、シザースといわれる、できる限り機首を上げて低速にして相手を前に出す機動の戦いになれば、ベクターノズルを搭載した機体のほうが有利かもしれません。

ただ、これらの見解はあくまで〝これまでの空戦理論〟からの話であることをご理解ください。

◆利点②――推力方向を変えて旋回半径を小さくできる

ベクターノズルは低速時だけでなく、実は高速時においても有利な点が出てきます。

航空機の旋回半径（r）は、r=v²/（g×tanθ）といった式で表されます。このgは重力加速度である毎秒9・8メートルを指します。タンジェントθのθはバンク角です。つまり、飛行機がとるバンク角が一定ならば、旋回半径は速度（v）の2乗に比例するということになります。

航空機の旋回半径を求める式

$$r_{(半径)} = \frac{v^2_{(速度)}}{g_{(一定)} \times \tan\theta_{(バンク角)}}$$

ということは、高速時は速度（v）がどんどん大きくなりますので、より高速になればなるほど、同じバンク角なら旋回半径はどんどん大きくなります。速度100ノット（時速約185キロ）から速度200ノットになったとき、旋回半径は4倍にもなるのです。同じバンク角であれば必ずこうなりますので、小さくする術はありません。

しかし、たとえ音速を超える速度でも、機体がベクターノズルを搭載していればエンジンの推力方向を変えて機体の向きそのものを変え、（ベクターノズルを搭載していない機体よりも）旋回半径をより小さくすることは可能です。

ただここで注意が必要なのは、より旋回半径を小さくするということは、円の中心から外側に向かう力がそれだけ大きくなります。通常、内側に向かう力を向心力、外側に向かう力を遠心力といいますが、この遠心力が人体の限界を超えてしまう可能性は十分にあります。

実際、技術的には、人間の限界を超える機動をする戦闘機をつくれることはもう実証されています。つまり、機械そのものはもう人間の限界をとっくに超えていて、人が乗っていることが戦闘機性能の制限になっているということです。

そんななかでさらにベクターノズルが付くと、さらに今まで以上の機動ができるようになる可能性が十分にありますが、それに人間のパイロットが耐えられるか、活用できるかはまた別の話になってくると思います。

◆パイロットにはベクターノズルを操作する余裕はない

さらに問題となってくるのは操作の部分です。実は技術実証機X-2も、ベクターノズルそのものを積むことはそれほど難しくないと個人的には思っています。エンジンの後ろにパドルと呼ばれるものを付けたり、排気ノズルそのものの方向を変えたりする技術は必要となってくるのですが、今現在の技術であれば、それを搭載することはそれほど難しいことではありません。

むしろ、問題となってくるのはそれを制御する技術です。なぜそんなことになるかというと、例えばみなさんが今コクピットに座っていると仮定しましょう。顔は前を向いています。目で前の景色や計器盤の数字を見たり、耳で無線を聞いたりします。

右手はセンタースティックなりサイドスティックといった操縦桿を持つことになります。そして右手の操縦桿と左手のスロットルを持ちます。左手はスロットルには、レーダーのロックオンや、モードの切り替え、ロックオンの解除、敵味方識別装置や無線機、スピードブレーキ、武装の切り替え、レーダーの方向制御、ロックオンの制御、場合によってはチャフやフレアといったいろんな機能の付いたスイッチがもうこれでもかというくらい付いています。要は操縦桿やスロットルを動かして機体を制御しながら、これらの操作するということです。

では足はというと、右足は右のラダーペダル、左足は左のラダーペダルに置きます。

ということで、人間が動かせる部分はもうすべて使って埋まっている状態なのです。

ここで、ベクターノズルの制御をどれ（人間のどこ）でするかという話になります。いずれかの手を離して制御するのか、いずれかの足を離して制御するのか分かりませんが、果たしてそれが戦闘機として必要かという疑問が残ります。

言い換えれば、そんな暇があるとは思えません。経験者として言わせてもらえば、とてもじゃないけど、空中戦の真っ最中にベクターノズルのコントロールをどこかでこなすのは非常に難しいです。

そもそも非常に難しいからこそ、操縦桿やスロットルに武装やレーダー関係のスイッチがすべて集中していて、一度手を離して、他のスイッチに手を伸ばす必要がないように設計されているわけです。

◆人が操作するのではなく、コンピュータで制御して補助させる

ではハリアーⅡとかはどうしているの？　と思われるかもしれません。しかしハリアーⅡやオスプレイには離着陸モードと巡航モードの切り替えのスイッチが付いています。要は離着陸モードは離着陸時にしか使わないからです。

一方、空中戦はとても忙しいので、さらにベクターノズルを操作するレバーなりスイッチなりを付けても、効率的に使えないと思います。

そう考えていくと、操縦桿やスロットル、両足のラダーの操作を補助する形で、コンピュータでベクターノズルを制御する機構を組み込むことになると思います。

先ほど、ベクターノズル自体を付けることは可能といいましたが、この制御プログラムをつくることがたぶん一番の問題になってきます。今回の技術実証機X-2もこの部分のプログラミングに重点を置いているんじゃないかと私は思っています。

パイロットがこれぐらいの旋回半径で回りたい、もしくは旋回してあいつの後ろに入りたいといった操縦桿の動かし方をしたとき、航空機が逆らうことなく予想した通りの機動を描けることが重要です。

そういった機動の補助ができるようなプログラミングが完成したときに初めて、ベクターノズルはその有意性を発揮してくるでしょう。ですのでベクターノズルを搭載した純国産戦闘機を、まだ先かもしれませんが、長い目で楽しみにしたいと思っています。

◆大切なのは技術そのものではなく、運用者がどう使えるか

そして問題は、人は？　というところです。

先ほど少し言いましたが、旋回すると必ず機体にG（重力加速度、荷重）がかかります。今のF-15で最大プラス9G、アクロバットをする小型飛行機ならプラス12Gまでかけられるものもありますが、いずれも人間の限界のほうが先にきています。

なので、単に機動性だけを優先してベクターノズルの制御プログラムをつくると、内部の人間がもちません。ということは、内部に乗っている人間がギリギリ我慢できて、かつ、より有意的な機動を目指すという非常にギリギリの制御が要求されると思います。

これが例えば無人機だったら、もう有無を言わさず機械の限界まで動かせるわけです。

でも今すでに無人の偵察機はありますが、戦闘機というものはもう10～20年はやはり人が乗っていると思います。この有人であるが故の限界と機動性のバランスをいかにとっていくかが、たぶん一番の問題になっていくのだと思っています。

私は岐阜の飛行開発実験団でテストパイロットとして勤務して、航空機1機をつくることに携わらせてもらいました。そしてそのときにいろんな技術者の方とお話しする機会もありました。また航空機に関する、非常に高度で革新的な技術をたくさん目にすることができました。

そのときにとても感銘を受けたやりとりがありました。私が飛行開発実験団に在籍していた頃、某大手重工の方が新設計の計器盤についてプレゼンしに来られたことがあります。

そのときは、通常のマルチパーパスディスプレイ（多目的ディスプレイ）にいろんな飛行情報を出したり、いろんな機能を一つの画面に統合できることをデモンストレーションしてもらい、こんなことができます、こんな表示もできますという感じでたくさんのモードを説明していただきました。

そのとき私はその中では若手だったこともあって、「あー、凄いなー、こんなことができるんだなー」と思っただけだったんですが、そのときに同じテストパイロットの某先輩が、

「いやー、メーカーの方がいろんな技術を紹介してくれるのは非常にありがたいです。我々も興味があります。ただ我々としては、その技術をパイロットがどこでどのように使う

のか、そこを一番知りたいです。我々パイロットからすると、こんな技術ができましただけではなくて、こういったシチュエーションでこういった使い方をすることで、こういったメリットを提供する、また現状がこう変わるといったことを知りたいんです」

といったことを、メーカーの方に話していました。別に責めているわけではありませんでしたが、当時私はその意見を聞いてとても感銘を受けたのを覚えています。技術っていうものはより凄いもの、より複雑なものが珍重される傾向にあります。

ただ、ユーザーの立場に立ったものでなければ、どんなに画期的な技術であっても、意味がないことを習いました。今回のベクターノズルが決して意味がないという話ではないのですが、X-2のベクターノズルが実証試験でいろんなデータを蓄積し、将来どういった戦闘機にどういった形でフィードバックされていくのかについては非常に興味を持っています。

第22話　空酔いと乗り物酔いの違い――航空医学②

◆酔いとは感覚と現実がずれているときの混乱

飛行機に乗ったときの空酔いや、車や船に乗ったときに乗り物酔いすることがあります。最後に、このような「酔い」についてお話ししたいと思います。

空酔いのメカニズムを解説するなかで、飛行機に乗ったときにどこに座れば一番酔わないのかや、その場所を選定する上で飛行機の重心についても説明していきたいと思っています。

さて、そもそもまず酔うという状態は一体何なんでしょうか。みなさん空酔いでも乗り物酔いでも結構なんですが、酔ったときに最初に来るのは「気持ち悪い」という感覚ですよね。

それと共に熱感や悪寒、冷や汗みたいなものをかいたり、人によっては頭痛やめまいが出てくると思います。実はこれは神経の中の交感神経と副交感神経という2種類の神経が密接に絡んでいます。

簡単にいうと、真っすぐ立っているとか傾いているとかといった、「今自分が認識をしている姿勢と現実がそぐわないことによる混乱」と言ってよいかと思います。

人間は五感（視覚、嗅覚、味覚、聴覚、触覚）のセンサーや感覚が常にある環境では、それらが一致した反応になることになっています。

ところがこの「酔い」が発生している状態では、そのうちのいくつかが合致していない状態になります。要するに、自分の認識と現実がずれていることを自分が認めたときに、整合性が取れなくて脳が混乱し、酔うという状態に入ります。言い換えれば、脳みそが危険信号を出している状態で、吐いたりするのも拒絶反応の一種なのです。

ですから酔いが発生したときは、黙っていれば治るとか我慢すれば治るといった状態ではなく、体が非常信号を出しているわけですから、できる限り速やかにその状態から脱してあげるほうが実は体には良いのです。

◆一つの感覚を遮断することで、酔いを防ぐのは難しい

酔いの感覚がどのように来るかというと、次のような感じです。

通常、地面に対して自分が垂直に立っているという認識のほとんどは目から得ています。建物がきっちり真っすぐになっているとか、道路が平らに見えるといった、目から入る情報と耳の平衡感覚や加速度のセンサーが合致していれば、人は酔うことはありません。

しかし、目からの情報と耳からの平衡情報がずれている場合、脳みそがどっちが正しいのかを無意識に考えてしまいます。そして脳が自分が異常な状況に置かれていると認識して、そこから脱するために体が助けてくださいという信号を上げます。それが結果的に空酔いや乗り物酔いと呼ばれるものになるというわけです。

ということは、酔わないためにはどうすればいいかというと、次の通りになります。

まず前提として、人間が得る感覚の情報、特に酔いの状況認識の多くは目と耳から来ます。

とはいっても厳密には付加事項として、例えば排気ガスとか車の芳香剤の臭いなども関係することもあります。加えて、船のように大きくゆっくりした周期で揺れる乗り物の場合、手すりを握っている手や座っている椅子が揺れによってずれる感覚（触感）も関連してきます。

酔わないためには、そういった情報をすべて統一するか、もしくは遮断する必要があります。要するに、a、b、cという3つの感覚が別ルートから同時に脳に入ってくるのであれば、aだけ取得して、bは遮断するという手があるかもしれません。

極端なことをいえば、耳の平衡機能とか加速度機能を遮断することはできませんが、視覚情報は目をつぶることで遮断することができるはずです。

耳だけなら混乱することもないはずですが、実際には、耳だけで平衡感覚が分かるかというと、なかなか不安定で非常に難しいです。これは目をつぶって片足で長時間立つのが難しいことからも分かるかと思います。耳のセンサーは遅れや誤差があって、それほど鋭敏なものではないからです。

そう考えていくと、実際に何かの感覚を遮断することで酔いを防ぐというのは難しいことになります。

◆前の景色を見ることができれば、酔いは防げる

では、感覚を統一する方向ではどうでしょうか。

車やバスで乗り物酔いをする方がいた場合、私はその方には必ず助手席に座ってもらいます。そして座席シートを倒したりせず、前方が見えるようにしてもらいます。同時に私と話をするときも運転席の私の方を見ずに、前を見ておいてくださいとお願いします。

これは飛行機の場合も同じですが、例えば遊覧飛行や体験操縦でお客様を乗せて飛ぶことがあります。空酔いが心配ですという方については、頭はあちこち動かさないように気を付けることと、もう一つはできる限り意識して前を見ていてもらうことを心掛けてもらうと、酔いは防ぐことができます。

これはどういうことかというと、前方を見ることで、その乗り物が次にどう動くかを予測できます。これから大きく右に大きく曲がっていくという情報が目によって先に得られれば、その後に実際に右にグーッとカーブして、左に遠心力で振られつつ体が少し傾くという体の感覚と、目から入る情報をすべて合致させることができるのです。この状態を常にキープすることで、酔いはある程度防ぐことができるはずです。

また電車であれば、まず進行方向に向かって座る、要するに後ろ向きには座らないことが重要です。あと、外の景色が見えるような窓際の座席がよいです。窓側なら自分が乗っている電車が進んでいる方向と加速度（スピード感）などを外の景色から得ることで、感覚を統一することができます。

◆防ぐのが難しい旅客機の空酔い

その点、旅客機は非常に難しい部分があります。

セスナのような軽飛行機ならば前の座席は近いし、正面のガラスを通して前を見ることができます。しかしみなさんが一般的に乗られるであろうエアラインの旅客機は窓は小さいですし、正面が見えません。

といっても旅客機に乗る際にできるだけ空酔いをしないようにするためには、やはり基本は同じです。まず進行方向に向かって座る（さすがにCAさんが座っている後ろ向きの席に座る人はいないと思いますが）。そして、もう一つは窓際で外を見ることです。

ただ、飛行機の場合はひとたび離陸してしまうと、対象物

が空になりますのでスピード感はまったくありません。雲があれば多少分かりますが、それこそ200ノットでも40 0ノットでも景色はほとんど変わらないと思います。

さらに悪いことに、飛行機には地上の車や船にはない揺れがあります。

飛行機は動くときにある一点（重心）を中心にして動きます。飛行機は安定して飛行しているときでも、上昇や下降、旋回をする際に、自分の座っている席が上がったり下がったり、左に振られたり右に振られたりします。これは飛行機の特性から来ている現象なので避けることは難しいです。

そもそも飛行機が機首を上げるときは水平尾翼を動かして、機体の重心を中心に機体を傾けます。機首の方から上昇するように上がっていくイメージを持っている方もいらっしゃいますが、そうではありません。左右に旋回する場合も同じです。機体の中心線を基準に、機体を傾けて動くことになります。

ということは、例えば機体後方の座席に乗っている人は、上昇する（機首を上げる）ときは、下がるような感覚を得ます。逆に下降する（機首を下げる）ときは上がるように感じます。

このように、実は目以外から得られる情報、特に耳から得られる平衡情報や加速度情報というのは、言葉が悪いのですけど、嘘っぱちというか全然現実にそぐわない情報が入ってくることが割と多いことが分かります。

だからか、他の乗り物は大丈夫でも空酔いだけする、飛行機はダメだという方は結構いらっしゃいます。

さらに飛行機の場合、次のような特徴があります。

人間の感覚はある一つの感覚が遮断されると、自動的に他の感覚が非常に鋭くなります。

例えば旅客機の窓は非常に小さく前も見えないので、そこから得られる視覚情報は非常に微々たるものです。そのため、他の視覚以外の感覚が非常に鋭敏になります。非常に極端な例になりますが、目が不自由な方が音だけで方向や場所の雰囲気みたいなものまで鋭敏に感じ取ることができるのと似ています。

この現象は、よりいっそう空酔いを難しく、もしくは入りやすくしているといえます。

◆燃料の消費と共に機体の重心は前後する

さて、先ほど機首を上げ下げするときに、機体の中心点のことを重心といいました。この重心は、大抵の機体では真ん中付近にありますが、すべての飛行状態において真ん中にあるとは限りません。

例えばボーイング747-400という旅客機の場合、まず、胴体の中央下部にセンターウイングタンクというタンクがあります。そして胴体後方の水平尾翼の間ぐらいにスタビレータタンク（スタブタンク）、さらに主翼にメインの4つのタンクがあって、その外側の主翼端にリザーブタンク（リザバ）と呼ばれるタンクが左右それぞれに付いています［図22-1］。

要は全部で8個のタンクがあるわけです。これらを均等に少しずつ使っていけば、それほど大きな重心の変化はないはずですが、実は燃料の消費の仕方は決まっています。

まず最初にスタビレータータンクです。ここの燃料がなくなると、次はセンターウイングタンクが使われます。さらにここもゼロになると、主翼内側の左右タンク№２、№３のタンクが使われ始めます。

そして№２、№３のタンクがどんどん減ってくると、今度は№２、№３のタンクの方にリザーブタンクの方から燃料が入ってきます。

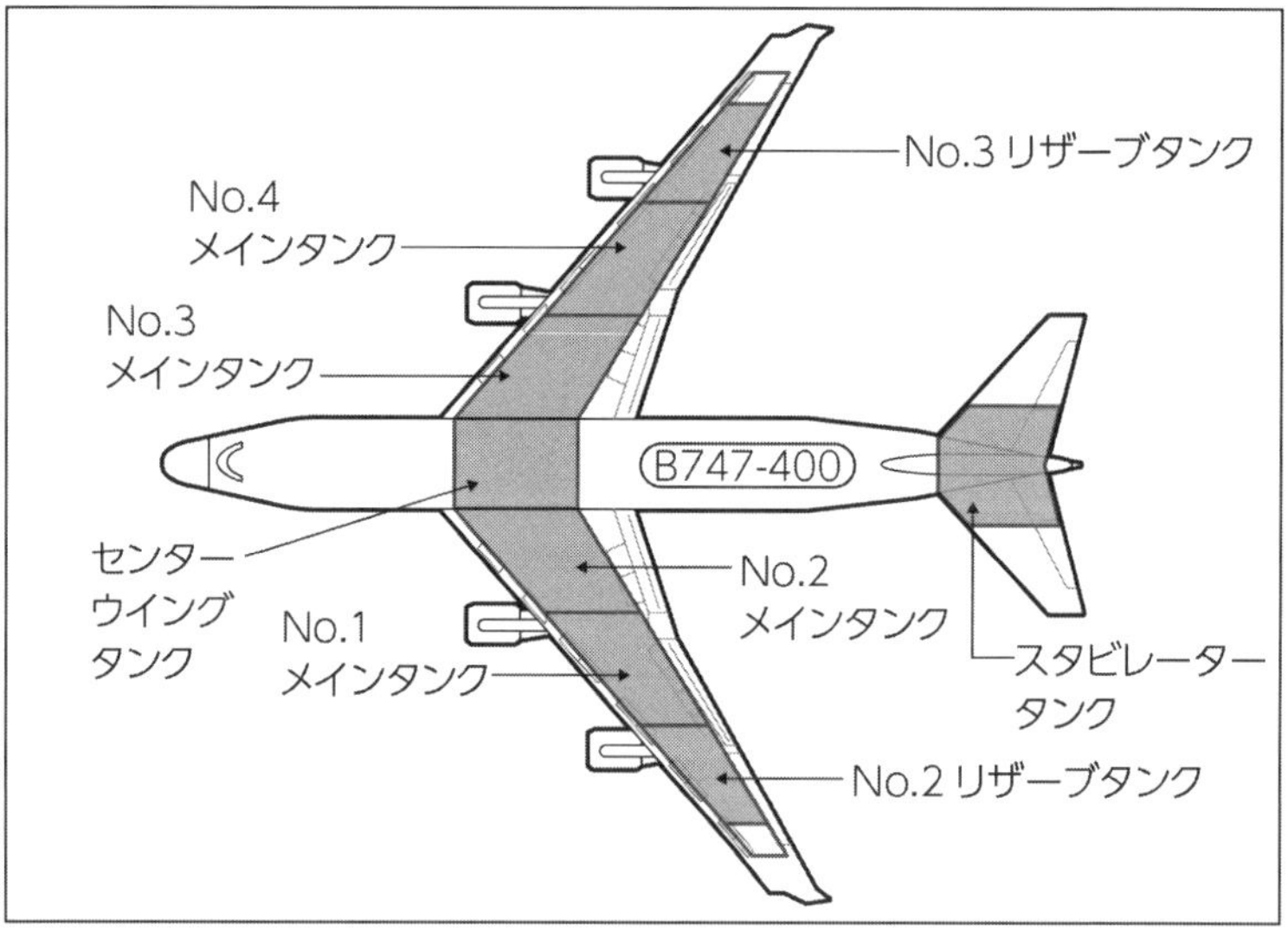

［図22-1］ボーイング７４７-４００の燃料タンクの位置。

　そして最終的に主翼のNo.1、No.2、No.3、No.4のタンクの燃料が4万ポンドに達すると、自動的にメインのNo.1タンクは1番エンジンに、No.2タンクは2番エンジンに、No.3は3番エンジン、No.4は4番エンジンへとそれぞれ個別に補給するようになります。実は非常にややこしい順番になっているのです。

　なぜこういった順番になっているかというと、重心位置をあまり動かしたくないからです。旅客機は非常に大きいので、あるタンクの燃料が空になると、重さの変化が機体前後で非常に大きく発生してしまいます。もちろん左右でも発生する可能性があります。

　そこで機体をできる限りバランス良く保つため、大きく重心が変わらないようにこのような複雑な仕組みになっているわけです。

　最初に機体後方のスタビレータータンクの燃料からなくなっていきますので、後ろがどんどん軽くなって、重心位置はどんどん前に移動します。そして次にセンターウイングタンクのタンクがなくなってくると、今度は後ろに下がっていきます。

　もちろんそうはいっても、機首の方まで重心が移動するわけではなく、あくまでも主翼幅の範疇ぐらいで動きます。

◆航空力学から機体の重心を割り出す

　少し航空力学の話になってしまいますが、この重心位置を示す基準として、空力平均翼弦（Mean Aerodynamic chord：MAC）という概念があります。

　今の飛行機は、後ろに下がる角度を持つ後退角で、先にいくにつれて細くなる先細り翼が主流です。ほとんどがこの翼形だといっていいでしょう。

　ただ、翼をよく見ると、胴体に近い付け根部分と先端部分では形状がまったく異なります。そこで、全体の翼の平均的な値を取るために決めたのが空力平均翼弦です。「平均的な翼」がどこかを1ヵ所に決めようとしたものです。

　まず主翼の根本部分の幅（A）を先端の幅（B）に足し、先端の幅を根元に足して斜めの線（C）を引きます。今度は主翼の前縁と後縁の中間線（D）を引きます。そしてそのCとDの2つの線が交わる点（E）を基準に、前後に線（F）を引きます。このFの線の長さを空力平均翼弦といいます［図22-2］。

　空力平均翼弦の全体（線Fの長さ）を100％と考えて、

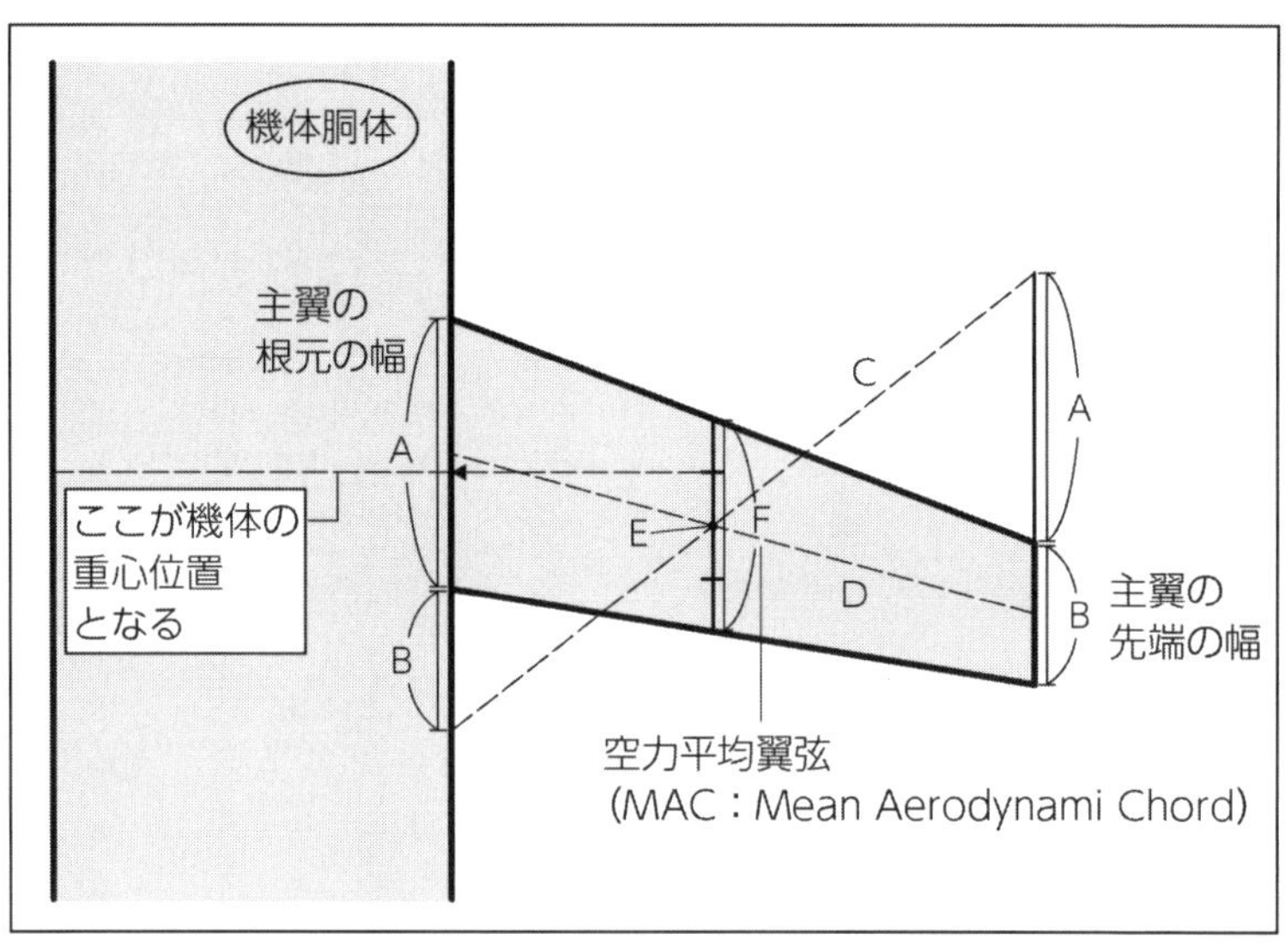

［図22-2］機体の重心位置を示す基準となる空力平均翼弦の求め方。

重心位置が何%の位置になるかで示します。離陸した最初の頃は23%ほどで、重心は翼の前縁から4分の1ぐらいのところになります。この後、重心は15%ぐらい前方に行ってまた戻っていくとされています。

15%といっても空力平均翼弦に対するパーセンテージなので、機体全体から考えれば重心は実際にはさほど前後しないことが分かります。

また翼の重心位置ですから、飛行機の重心位置は機体の中心位置になります。なので空力平均翼弦の線（F）の重心位置を機体のほうへ延長して、機体の左右中央の位置が機体の重心ということになります。

言い換えれば、飛行機が姿勢を変えたときに動く「動きの中心」は、空力平均翼弦の大体23～25%の真横ということになります。

◆旅客機のどの席に座れば一番空酔いしないか

小難しい話をしてきましたが、つまり機体の重心位置の席に座っていれば、飛行機が機首を上げたり下げたりするときに、自分自身が下がったり上がったりすることを最小限に抑えられるということになります。

先述の通り、空力平均翼弦は主翼の根本のほうの3分の1くらいにあって、「動きの中心」は25%くらいなので、そこ

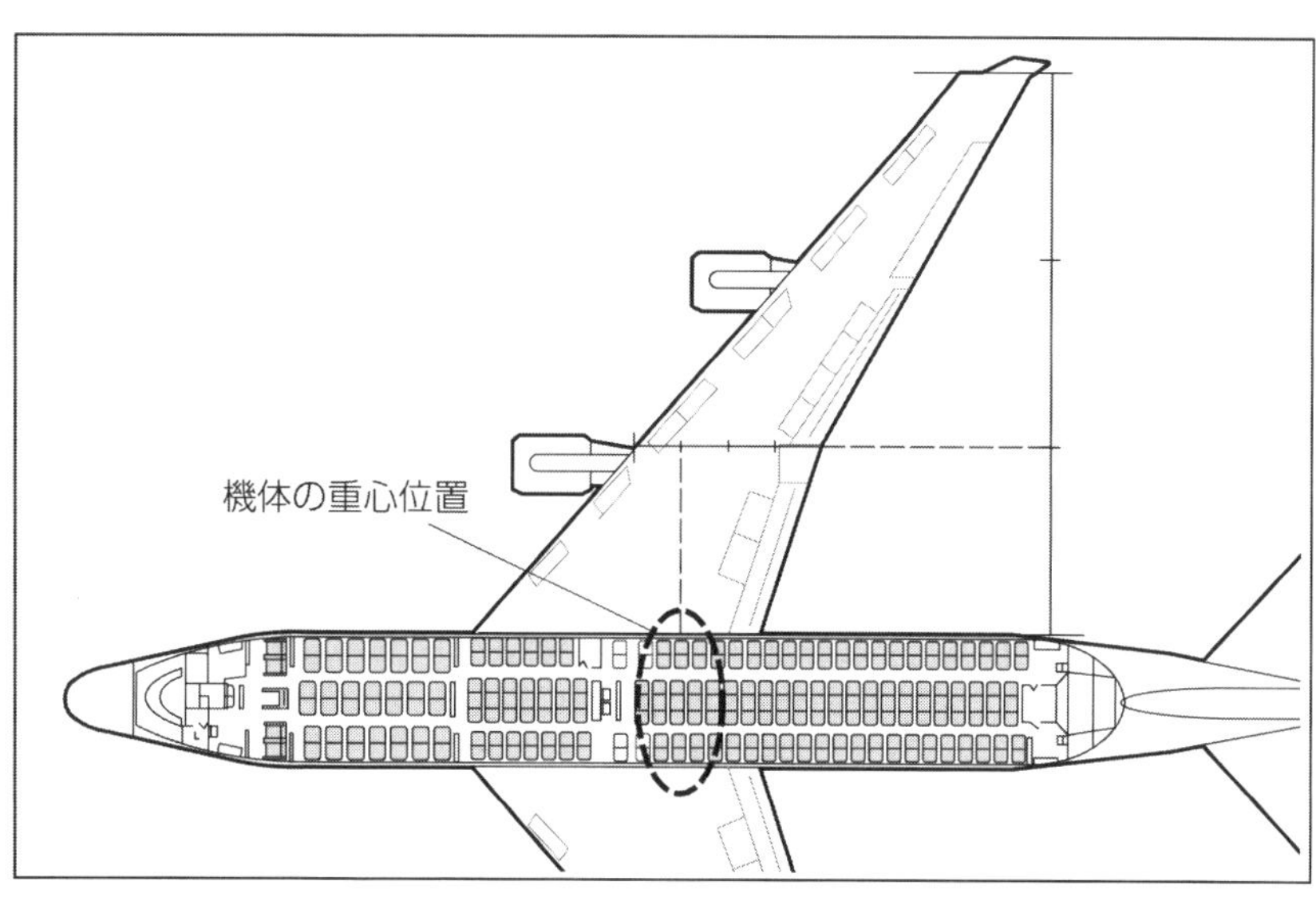

［図22-3］空力平均翼弦から求めた、ボーイング747-400の重心位置。この位置に座れば、飛行機の揺れに対して影響を最も受けにくいことになる。

から機体側に平行に移動した位置が、その航空機の重心位置となります。大体、翼の付け根の中間からやや後ろぐらい位置です［図22-3］。

もちろん、例えば乗客が機体前方の座席に集中したり、機体に積んだ貨物の場所によって重心位置が変わる可能性もありますが、通常は荷物を機体の1ヵ所に集中させることはありませんので大体同じと考えてよいです。

この辺に座っておけば、揺れに対して一番影響を受けることが少なくなり、耳に入ってくる平衡感覚や加速度感覚が一番正常に近い動きをするはずです。

空酔いする方はさらに、機体の左右中央の席に座るのが理論的には一番よいと思います。なぜなら窓側に座ると飛行機が旋回するときに、機体は傾くので僅かに上下動が生じるからです。機体の右側に座っている人は、左旋回するときは上がった感じが、右旋回するときは下がる感じがしてしまいます。

ただ個人的には、機体の左右幅は短いので、左右中央でも窓側でもさほど変わらないと思います。であれば、外の景色も見られる窓際の席のほうがよいでしょう。先ほども言った通り、視覚で得られる情報は人間が得られる情報の中でかなり大きい比重を占めているからです。

そう考えていくと、主翼の上（主翼中央）付近の席を個人的にはお勧めします。

◆気流によって機体が上下するのは防げない

しかし飛行機には、その席が取れても大きな落とし穴があります。

飛行機は不安定な気流には弱く、いきなりストーンと落ちたり、フワッと浮き上がったりすることがあります。これは空酔いが発生する一番大きい要因だったりします。

局地的に強い下降気流（ダウンバースト）や上昇気流が発生していると、例えば下降気流が発生しているところを飛行機が通過したときは、そこでストーンと水平状態のまま落ちることになります。本当にストーンと数百フィートも落ちます。場合によっては１０００～２０００フィートも落ちて、事故になるときもあります。

大きい機体がそれだけストーンと落ちるわけですから、乗っている人間はエレベーターに乗って上下するときよりも、フワッと浮き上がったりグッと下に押される感覚になります。

これには逆らえません。これはどの座席に座っていても、自分が乗っている機体そのものが動きますので防ぐ手立ては実はありません。

◆空酔い防止に効果的な食べ物

その他の空酔い対策としてはこんなものがあります。

例えばチョコレートや飴を舐めることで、血糖値が上がって脳が覚醒します。

他には炭酸飲料をちょっと飲むことで、胃の調子が良くなって活性化されます。かつ、自律神経を刺激することにもなります。

生姜なんかも胃の粘膜を鎮静化してくれます。生姜と炭酸ということでジンジャーエールなんかが理想的です。

あと梅干しです。酸味が三半規管のバランスを整えてくれますが、酔ってしまってから梅干しとか生姜を食べると余計ひどくなることもあります。基本的には酔う前の予防対策と考えてください。

あとは一般的なんですけど、市販の酔い止めです。

そしてどうしても酔ってしまう方は、前日によく寝ておくことと、完全な満腹や空腹を避けるだけでもだいぶ変わってきます。

◆氷を舐めて交感神経のほうを活発化させる

しかし、そのような対策をしていても酔ってしまうこともあるかと思います。そういった場合にはこんな方法をお勧めします。

それは、氷の塊を舐めることです。先ほどもいったように、空酔いには交感神経と副交感神経という2つの神経系が関連しています。そして乗り物酔いの原因として、副交感神経が強く関連してきます。

氷を舐めて、その冷たさを感じる神経は交感神経の方です。つまり氷を舐めることで交感神経のほうが優先されることになります。交感神経と副交感神経はどちらか一方が刺激を受けた状態になると、他方は自動的に抑制されるという原理があります。

例えば、「うー、酔ったー」という状態は副交感神経が優先しています。そこで氷をポッと口の中に一つ入れることで「あつ、冷たい」という交感神経の比重が一気に高くなります。すると、今まで酔いをつかさどっていた副交感神経のほうがグッと抑制されるわけです。それによって症状が軽くなったり、場合によってはなくなったりします。

なので、飛行機でちょっと具合が悪くなりそうな気がしたら、すぐに氷を口に入れてください。ただ、LCCなんかでは飲み物が有料だったりしますので、機内に氷があるかどうかも微妙ですが、水筒に氷を入れておいてもよいかと思います。

なお、氷は口の中に入れてバリバリ噛んでしまうと効果が半減します。あくまでも口の中でゆっくり溶かすように口に含んでください。

ここまでいろいろとお話ししてきましたが、実は特効薬があります。

それは、私は酔ってしまうという精神的な気持ちです。交感神経だとか重心だとかいろいろ言っていますが、一番関連してくる部分はみなさんのメンタル部分なのです。

例えば、友達と旅行に行く際に、楽しくお話をしながら乗るフライトではおそらく酔わないと思います。むしろ一人で飛行機に乗って、ずっと下を向いて本やスマートフォンを見ていると酔いやすいのではないかと思います。

なので細かい文字を読んだりするために、頭を下げたりしないことが重要です。頭を下げると、耳の三半規管や耳石は90度方向がずれることになります。そして情報を90度ずらして脳に認識させることになります。たったそれだけのことでも非常に酔いやすくなってしまうのです。

おわりに

ある日『空飛ぶたぬきの航空よもやま話』を書籍にしませんか？」というメールが届きます。

私にとっては、「空の雑談」である航空よもやま話を書籍化しても、売れないでしょうという気持ちでした。すでに空や航空機に関する書籍は数多く出版されており、しかも著者は有名な方ばかりです。そのような環境で「たぬきの世迷い言」を書籍化しても、恥ずかしいだけ……という気持ちでした。

ところが、大変熱心に説得された（口説かれた）結果、書籍化され（てしまっ）たことを恥ずかしくも、また嬉しくも思っています。

本の冒頭でもお話ししましたが、私の航空自衛隊操縦士としての生活は、そのほとんどが「操縦教員」という飛行機の先生で占められています。このため、本書においては戦闘機そのものに関する話は少なめですが、教員であることを活かし、誰にでも分かりやすくお話ししたつもりです。

バリバリの戦闘機乗りの自叙伝というよりは、「みなさんが日頃疑問に思っていることを、噛み砕いて説明した本」と思ってもらったほうがよいかもしれません。

日本の空は閉鎖的だといつも感じています。

それだけに、航空の世界というものは、みなさんにとってよく分からないもの、「ブラックボックス」のような扱いになっています。この本が空のブラックボックスのほんの一部でも解説することができれば、とても嬉しく思います。

「日本の空をもっと楽しく」

空飛ぶたぬきはこれからも空や飛行機を愛するみなさんと一緒に、日本の空を盛り上げていきたいと思っています。

最後となりましたが、本書の製作にあたって、動画からテキストの書き起こしをしていただいた皆様、今回の出版のチャンスを与えていただいたパンダ・パブリッシングの松本様、そしていつも私を応援し支えてくださるフォロワーの皆様に深く御礼申し上げます。

船場 太

著者略歴

船場 太（ふなば・ふとし）

東京都生まれ。1988年、航空自衛隊へ入隊。1993年にF-15J操縦士として配置され、1997年に操縦教員、2002年にテストパイロットしてT-X（のちのT-7）開発を担当する。

2009年、航空自衛隊を退職。航空機使用事業会社と航空運送事業会社を経て、2015年にイー・フライトアカデミーを立ち上げ、パイロットや管制官など航空関係の資格取得をサポートしている。

また、「空飛ぶたぬき」のハンドル名で、YouTubeやTwitter上にて航空に関する情報を発信している。

イー・フライトアカデミー　https://e-flight.jp/
Twitterアカウント　@FlyTanuki

元F-15パイロットが教える

戦闘機「超」集中講義

2019年5月24日　第一刷発行
2019年5月27日　第二刷発行

著者　船場 太

作図　宮坂史郎
カバー写真　航空自衛隊
カバーデザイン　WORKS 若菜 啓

発行者　松本善裕
発行所　株式会社パンダ・パブリッシング
〒111-0053　東京都台東区浅草橋5-8-11　大富ビル2F
http://panda-publishing.co.jp/
電話／03-6869-1318
メール／info@panda-publishing.co.jp

印刷・製本　シナノ書籍印刷株式会社